つまずきを
なくす 小5 [改訂版]
算数 計算

【 小数・分数・割合 】

西村則康

実務教育出版

学校のテストで70点は取れる、でも、なかなか100点が取れない。そんな子どもたちへ

　ご好評をいただいている本書「つまずきをなくす算数」シリーズを、学習指導要領の改変に合わせて改訂しました。

　この問題集は、小学校の学習で少しつまずいているか、今まさにつまずきつつある子どもたちを思い浮かべながら作りました。

　算数の計算学習は、算数のいろいろな問題を解くための基盤になります。"文章題が解けない"や"図形問題が解けない"原因が、実は計算力の不足であることは珍しくありません。

　そして、算数学習のつまずきは、そのまま放っておくと他の教科の自信喪失につながり、勉強全体のやる気喪失にもつながっていきます。

　ところが、計算のつまずきの多くは、ミスで片付けられてしまうような些細なことが多いのです。でも、その些細なことがいつの間にか積み重なり、算数嫌いの原因を作ります。

　算数の計算学習の最終目標は、「わかる」ことではなく、「いつでも正しく使える」ようにすることです。わかったことを正しく使えるようにするには、何回かの練習が必要です。つまずきはその練習時に起こります。正しい書き方を知らないことと、正しい頭の使い方を知らないことが理由です。

　本書は、下記の3つの事柄にこだわっています。
❶ 正しい書き方を知ることで、少ない練習量でミスを減らすことができる。
❷ 正しい考え方を知ることで、文章題や図形問題への利用をスムーズにする。
❸ 子どもたちが起こしやすいミスの80%をカバーする。

　本書は、「つまずきをなくす説明」で正しい考え方を知ってもらい、「つまずきをなくすふり返り」で正しい計算の仕方を確認して、「つまずきをなくす練習」で正しい計算方法が定着をするようにしています。ですから、いきなり練習問題から始めることはお勧めできません。単元毎に順を追って学習を進めてください。

保護者の方へのお願い

　この問題集は、説明のページ（つまずきをなくす説明）をじっくりと読むことから始めさせてください。その後、空欄を埋めながら、正しい考え方や計算の仕方を自然に身につけてもらえるように工夫しています。早く終わらせることを目標にせず、落ち着いてじっくりと解き進めるように、お子さんにアドバイスをしてあげてください。

　本書を利用することで、計算が大好きな子どもが一人でも多くなることを、心から願っています。

2020年9月　西村則康

小学5年生の算数
つまずきをなくす学習のポイント

2020年度より全面施行となる学習指導要領において、小学5年生の算数では、これまでに学習してきた内容との関連をはかりながら、**整数と小数、小数どうしのかけ算、小数どうしのわり算、倍数と約数、分数のたし算とひき算、割合、速さ、長さ・面積・体積の単位**などを学習します。

具体的に見ていきますと、整数と小数では、小学3、4年生で学んだ小数を、位取り記数法として体系的に学習します。**小学5年生のこの単元で学ぶ「小数点のずらし方」の理解が不十分ですと、小数と小数のかけ算での位取り、小数点を移動させてから計算する小数のわり算で、正確な計算をすることができませんので注意が必要です。**もし「整数と小数」でつまずきますと、面積や体積、速さなどのそれぞれの計算も不正確になるため、多くの単元でつまずくことになります。

小数どうしのかけ算で気をつけなければいけない点は、0の書き忘れや不要な0を書いてしまうこと、積の小数点の打ち間違いなどです。いずれもその原因は、整数と小数で学ぶ位取り記数法の理解不足にありますので、おかしいなと思われたら、整数と小数に立ち返ってみましょう。

小数どうしのわり算では、わられる数とわる数のどちらの小数点の移動を基準にするかを覚え、間違えないように気をつけます。また、わり算自体を苦手とするお子さんも多いのですが、あまりがある計算はさらに正答率が低くなりますし、特に小数の場合は、「あまりにつける小数点の位置はわられる数の元の小数点の位置」ということを忘れて間違えるケースも目立ちます。わり切れる計算ができるようになれば概数で求める計算、概数で求める計算ができるようになればあまりのある計算のように、3段階に分けて順々に身につけていきましょう。

分数の計算では、はじめに約分と通分を学びますが、そのために必要な知識として、倍数（公倍数・最小公倍数）と約数（公約数・最大公約数）も学びます。九九やその逆算が正確ではない、あるいは時間がかかっているようですと、最小公倍数や最大公約数の発見に手間取ったり、間違った値を求めたりし、分数の計算が不得意になってしまう可能性があります。

分数のたし算・ひき算でさらに注意が必要な点は、仮分数と帯分数の使い分けです。「仮分数に直してから計算する」という方法の長所は、考え方がシンプルだという点です。反面、計算回数が多くなったり、大きな値になったりするため、計算間違いの可能性が高くなります。

一方、「できるだけ帯分数で計算する」という方法は、小さい値で計算ができますが、帯分数を使いこなせる力が必要になります。

　割合の計算では、「もとにする量」「比べる量」という、独特の用語になれることができるかどうかがカギとなります。計算のしやすい具体例を利用して、イメージしやすくしてあげるとよいでしょう。

　さらに百分率で割合を表すことについても学びますから、スーパーマーケットや商店などで買い物をするときに「今日はいつもの20％引きになっているね」といった会話などを通して、％（パーセント）という単位に慣れさせてあげることも、1つの方法でしょう。

　6年生から移行となった速さの考え方は、中学数学の方程式の文章題でも必要となる大切な単元です。速さが単位時間あたり（例：1時間あたり）に進む道のりであることの理解が不十分なお子さんは、速さの3公式を正確に覚えることができないため、「道のり×時間＝速さ」といったような誤った式を何の疑問も感じずに使ってしまいますし、速さの単位換算でも「60をかけるのかな？　それとも60でわるのかな？」と迷ってしまうことになります。どの単元でも同じことがいえますが、特に速さの単元ははじめに学ぶ「速さの意味」でつまずかないように気をつけてあげてください。

　長さ・面積・体積の単位では、これまでに学習してきた単位の関係の理解が重要になります。特に、面積では、小学生が日常あまりふれることのない ha（ヘクタール）、a（アール）と km²（平方キロメートル）、m²（平方メートル）の換算を苦手とするお子さんが少なくありません。また、体積においても、m³（立方メートル）と L（リットル）、kL（キロリットル）といった大きな量の関係も覚えにくいようです。正方形や立方体の1辺の長さと面積や体積の関係を、自分で図にかけるようにするとよいでしょう。

【保護者の方へ】

　文部科学省の学習指導要領には、かけ算の筆算内での「かけられる数」と「かける数」の順序、分数の計算結果を帯分数で表記するか仮分数で表記するかなどについて、特に「〇〇のようにします」のような記載はありません。**分数の表記については、数の大きさをとらえやすい帯分数、計算の速度アップにつながる仮分数など、状況に応じた使い分けができることが理想ですが、**お子さんが「学校では必ず帯分数に直すように習った」「中学校の数学では仮分数を使うので、仮分数のままでいいって先生に言われた」など戸惑っておられましたら、「学校のやり方でもかまわないよ」「ミスがなくなる書き方だから、一度挑戦してみない？」のようなお声かけをしていただければ幸いです。

この本の特色と使い方

つまずきをなくす説明

計算方法と間違えやすい点について丁寧な説明がありますので、計算ミスをなくしたいお子さんはもちろん、はじめて計算方法を学ぶお子さんでも、1人で無理なく取り組むことができます。

つまずきをなくすふり返り

計算のポイントをお子さんが書き込んで確認することで、「つまずきをなくす説明」と同じ計算パターンの問題が定着できるように工夫されています。また、「つまずきをなくす説明」では取り扱わなかった、間違えやすい問題も用意されています。

つまずきをなくす練習

「やってみよう」は「つまずきをなくす説明」と「つまずきをなくすふり返り」で学んだ計算方法を練習します。この部分で間違えたときは「つまずきをなくす説明」や「つまずきをなくすふり返り」に戻ってみましょう。「確かめよう」はこの単元のまとめ問題です。定着度を確かめるようにしましょう。「書いてみよう」は学んだことがらを利用するややレベルの高い問題も含まれています。「確かめよう」までができるようになれば、「書いてみよう」にも挑戦してみましょう。また、小数の筆算では、「やってみよう」「確かめよう」のページには「マス目」を用意しました。はじめて取り組むお子さんは、下のような使い方をしてみてください。また、 次の計算をしましょう。 ／8 には、正解した問題数を書いてあげてください。

```
     8.1
  × 0.5 7
    5 6 7
  4 0 5
  4.6 1 7
```

CHAPTER

1

整数と小数

1 整数と小数

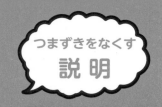

となり合う位の関係

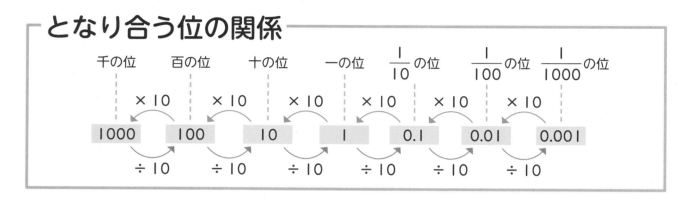

| 千の位 | 百の位 | 十の位 | 一の位 | $\frac{1}{10}$ の位 | $\frac{1}{100}$ の位 | $\frac{1}{1000}$ の位 |

$$\times 10 \quad \times 10 \quad \times 10 \quad \times 10 \quad \times 10 \quad \times 10$$

| 1000 | 100 | 10 | 1 | 0.1 | 0.01 | 0.001 |

$$\div 10 \quad \div 10 \quad \div 10 \quad \div 10 \quad \div 10 \quad \div 10$$

となり合う位の関係を利用して、次の計算をしましょう。

① 3.21×10　　**②** $98.7 \div 10$

③ 3.21×100　　**④** $98.7 \div 100$

⑤ 3.21×1000　　**⑥** $98.7 \div 1000$

① 10倍するので、それぞれの位が1つ上がります。

$$3.21 \xrightarrow{\times 10} 32.1$$

| 3 …… 一の位 ⟶ 十の位 |
| 2 …… $\frac{1}{10}$ の位 ⟶ 一の位 |
| 1 …… $\frac{1}{100}$ の位 ⟶ $\frac{1}{10}$ の位 |

ですから、$3.21 \times 10 = 32.1$　です。

10倍すると位が1つ上がるから、
小数点を右へ1つずらす
ことと同じになるよ

3.2.1
右へ1つ

② $\frac{1}{10}$ にするので、それぞれの位が1つ下がります。

$$98.7 \xrightarrow{\div 10} 9.87$$

| 9 …… 十の位 ⟶ 一の位 |
| 8 …… 一の位 ⟶ $\frac{1}{10}$ の位 |
| 7 …… $\frac{1}{10}$ の位 ⟶ $\frac{1}{100}$ の位 |

ですから、$98.7 \div 10 = 9.87$ です。

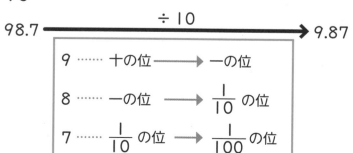
$\frac{1}{10}$ にすると位が1つ下がるから、
小数点を左へ1つずらす
ことと同じになるよ

9.8.7
左へ1つ

10 倍すると小数点が右へ 1 つずれ、$\frac{1}{10}$ にすると小数点は左に 1 つずれます。

3 100 倍は「10 倍の 10 倍」ですから、それぞれの位が 2 つ上がります。

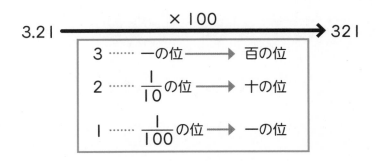

100 倍すると位が 2 つ上がるから、小数点を右へ 2 つずらそう

ですから、3.21 × 100 = 321 です。

注意 一の位までの数なので、「321.」のように小数点を書くと×になります。

4 $\frac{1}{100}$ にするので、それぞれの位が 2 つ下がります。

÷ 100

98.7 ――――――→ 0.987

| 9 …… 十の位 ――→ $\frac{1}{10}$ の位 |
| 8 …… 一の位 ――→ $\frac{1}{100}$ の位 |
| 7 …… $\frac{1}{10}$ の位 ――→ $\frac{1}{1000}$ の位 |

「0」を書き忘れないようにします

0.987　　.987 ✗

ですから、98.7 ÷ 100 = 0.987 です。

注意 一の位の数がないので一の位に「0」を書き、「0.987」のようにします。

❺ 1000倍は「10倍の10倍の10倍」ですから、それぞれの位が3つ上がります。

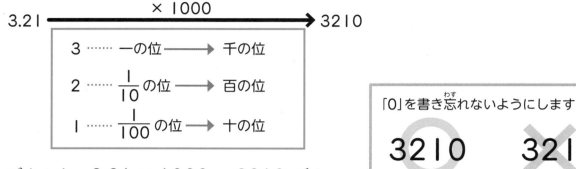

ですから、3.21 × 1000 = 3210 です。

注意 「1」が十の位の数なので、「321」のように一の位の「0」をぬかすと×になります。

❻ $\frac{1}{1000}$ にするので、それぞれの位が3つ下がります。

$\div 1000$
98.7 ━━━━━━━━━━━━▶ 0.0987

| 9 ‥‥‥ 十の位 ━━▶ $\frac{1}{100}$ の位 |
| 8 ‥‥‥ 一の位 ━━▶ $\frac{1}{1000}$ の位 |
| 7 ‥‥‥ $\frac{1}{10}$ の位 ━━▶ $\frac{1}{10000}$ の位 |

「0」を書き忘れないようにします
0.0987 ○   0.987 ×

ですから、98.7 ÷ 1000 = 0.0987 です。

注意 一の位、$\frac{1}{10}$ の位の数がないので一の位、$\frac{1}{10}$ の位に「0」を書き、「0.0987」のようにします。

となり合う位の関係を利用する計算をまとめると、下のようになります。

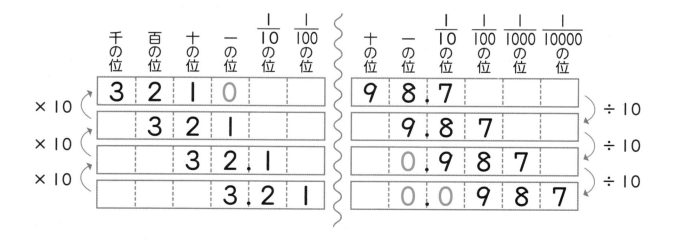

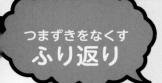
小5-1 整数と小数

| 001 | 次の数を求めましょう。 |

（1） **7.25** を 10 倍した数

10 倍なので、小数点を右へ 1 つずらします。

7 2.5

右へ 1 つ

答え：72.5

（2） **6.7** を 10 倍した数

10 倍なので、小数点を右へ 1 つずらします。

6 7.

右へ 1 つ

➡ 一の位までの数なので
小数点を書きません

6 7

答え：67

（3） **5.1** を 100 倍した数

100 倍は「10 倍の 10 倍」なので、小数点を右へ 2 つずらします。

5 1 0.

右へ 2 つ

➡ 一の位は 0 なので **510**

答え：510

（4） **0.4** を 10 倍した数

10 倍なので、小数点を右へ 1 つずらします。

0 4.

右へ 1 つ

➡ 左はしの 0 は
書きません

0 4 ➡ **4**

答え：4

002 次の数を求めましょう。

(1) 84.2 を $\frac{1}{10}$ にした数

$\frac{1}{10}$ なので、小数点を左へ１つずらします。

8.4.2
左へ１つ

答え： 8.42

(2) 9.1 を $\frac{1}{10}$ にした数

$\frac{1}{10}$ なので、小数点を左へ１つずらします。

.9.1 ➡ 一の位の数がないので
０を書きます
左へ１つ

0.9.1

答え： 0.91

(3) 2.7 を $\frac{1}{100}$ にした数

$\frac{1}{100}$ は「$\frac{1}{10}$ の $\frac{1}{10}$」なので、小数点を左へ２つずらします。

. 2.7 ➡ 一の位と $\frac{1}{10}$ の位の数が
ないので０を書きます
左へ２つ

0.02.7

答え： 0.027

数が書かれていない位には、
０を書くようにしよう

小5-1 整数と小数

やって
みよう

003 次の数を 10 倍、100 倍、1000 倍します。
　　　　にあてはまる言葉や数を書きましょう。　／2

(1) 1.25

10 倍すると小数点は ⬚ へ 1 つ移りますから、

$1.25 \times 10 =$ ⬚

100 倍すると小数点は ⬚ へ ⬚ つ移りますから、

$1.25 \times 100 =$ ⬚

1000 倍すると小数点は ⬚ へ ⬚ つ移りますから、

$1.25 \times 1000 =$ ⬚

(2) 0.05

10 倍すると小数点は ⬚ へ 1 つ移りますから、

$0.05 \times 10 =$ ⬚

100 倍すると小数点は ⬚ へ ⬚ つ移りますから、

$0.05 \times 100 =$ ⬚

1000 倍すると小数点は ⬚ へ ⬚ つ移りますから、

$0.05 \times 1000 =$ ⬚

004 次の数を $\frac{1}{10}$、$\frac{1}{100}$、$\frac{1}{1000}$ にします。

☐ にあてはまる言葉や数を書きましょう。 ／2

(1) 64.9

$\frac{1}{10}$ にすると小数点は ☐ へ1つ移りますから、

$64.9 ÷ 10 = $ ☐

$\frac{1}{100}$ にすると小数点は ☐ へ ☐ つ移りますから、

$64.9 ÷ 100 = $ ☐

$\frac{1}{1000}$ にすると小数点は ☐ へ ☐ つ移りますから、

$64.9 ÷ 1000 = $ ☐

(2) 20.8

$\frac{1}{10}$ にすると小数点は ☐ へ1つ移りますから、

$20.8 ÷ 10 = $ ☐

$\frac{1}{100}$ にすると小数点は ☐ へ ☐ つ移りますから、

$20.8 ÷ 100 = $ ☐

$\frac{1}{1000}$ にすると小数点は ☐ へ ☐ つ移りますから、

$20.8 ÷ 1000 = $ ☐

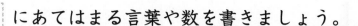

確かめ
よう

005 次の数は 3.69 を何倍した数ですか。
□ にあてはまる言葉や数を書きましょう。 /3

(1) **36.9**　3.69 と比べて、小数点が □ へ1つ

移っているので、□ 倍です。

(2) **369**　3.69 と比べて、小数点が □ へ □ つ

移っているので、□ 倍です。

(3) **3690**　3.69 と比べて、小数点が □ へ □ つ

移っているので、□ 倍です。

006 次の数は 49.5 の何分の1ですか。
□ にあてはまる言葉や数を書きましょう。 /3

(1) **4.95**　49.5 と比べて、小数点が □ へ1つ

移っているので、□ 分の1です。

(2) **0.495**　49.5 と比べて、小数点が □ へ2つ

移っているので、□ 分の1です。

(3) **0.0495**　49.5 と比べて、小数点が □ へ3つ

移っているので、□ 分の1です。

007 ①、②、③、④のカードが1枚ずつあります。これらの4枚のカードを下の図のような「カード入れ」の □ に置いて、②①.④③のように小数を作ります。次の (1)(2) の問いに答えましょう。 ／2

(1) 最も大きい小数を作りましょう。

(2) 最も小さい小数を作りましょう。

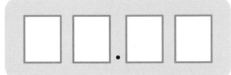

008 ⓪、②、④、⑥のカードが1枚ずつあります。これらの4枚のカードを下の図のような「カード入れ」の □ に置いて、④⓪.⑥②のように小数を作ります。次の (1)(2) の問いに答えましょう。 ／2

(1) 最も小さい小数を作りましょう。

(2) 小さい方から2番目の大きさの小数を作りましょう。

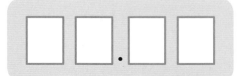

CHAPTER

2

小数

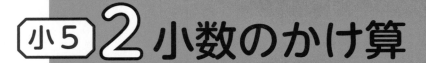

009 1m が 60 円のリボンを買います。次の問いに答えましょう。

(1) このリボンを 3m 買うときの代金を求める式と答えを書きましょう。

式 60 × 3 = 180

答え： 180 円

(2) 買うリボンの長さが 0.3m になったときの代金を求める式を書きましょう。

式 60 × 0.3

(3) リボンを 0.3m 買うときの代金は何円ですか。

小数を整数にするのに ×10 をしたから、10 でわれば 正しい答えになるよ

小数を整数にしてから計算をします。

$$60 \quad \times \quad 0.3 \quad = \quad 18$$
$$\times 10 \bigg\downarrow \qquad\qquad \uparrow \div 10$$
$$60 \quad \times \quad 3 \quad = \quad 180$$

答え： 18 円

「60 × 0.3」の計算順序

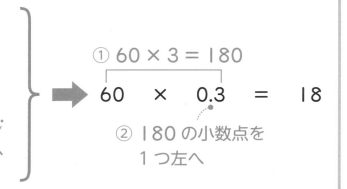

60 × 0.3
小数点がないつもりで計算
60 × 3 = 180
60 × 0.3 = 18.0
小数点の右に数が 1 個あるので、答えの小数点を 1 つ左に移す

① 60 × 3 = 180
60 × 0.3 = 18
② 180 の小数点を 1 つ左へ

18

ポイント

「整数×小数」や「小数×小数」では、小数を整数にしてから計算をし、その答えの小数点を左へ移します。

---

010 1L の重さが 1.2kg のジュースについて、次の問いに答えましょう。

(1) このジュース 3L の重さを求める式と答えを書きましょう。

式 $1.2 × 3 = 3.6$

答え： 3.6 kg

(2) ジュースの量が 0.3L になったときの重さを求める式を書きましょう。

式 $1.2 × 0.3$

小数を整数にするのに ×10×10 をしたから、100 でわれば正しい答えになるよ

(3) ジュース 0.3L の重さは何 kg ですか。

小数を整数にしてから計算をします。

$$1.2 \quad × \quad 0.3 \quad = \quad 0.36$$

×10 ↓   ×10 ↓   ÷100 ↑

$$12 \quad × \quad 3 \quad = \quad 36$$

答え： 0.36 kg

「1.2 × 0.3」の計算順序

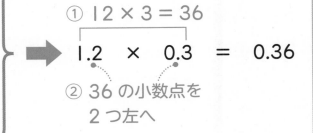

1.2 × 0.3

小数点がないつもりで計算

$12 × 3 = 36$

$1.2 × 0.3 = 0.36$

小数点の右に数が全部で 2 個あるので、答えの小数点を 2 つ左に移す

① $12 × 3 = 36$

$1.2 × 0.3 = 0.36$

② 36 の小数点を 2 つ左へ

小5-2 小数のかけ算

011 3 × 0.8 を計算します。
☐ にあてはまる言葉や数を書きましょう。

小 数を 整 数にしてから計算します。

$$3 \quad \times \quad 0.8 \quad = \quad 2.4$$

$$\times 10 \qquad\qquad \div 10$$

$$3 \quad \times \quad 8 \quad = \quad 24$$

答え： 2.4

ところで、ある数を「10でわる」ことと「小数点を左へ1つ移す」ことは
同じことですから、3 × 0.8 は次のようにも計算できます。

$$3 \quad \times \quad 0.8$$

⬇ 小数点がないつもりで計算(× 10 をしたつもり)

$$3 \quad \times \quad 0.8 \quad = \quad 24$$

⬇ 小数点よりも小さい数が1つある ──┐

$$3 \quad \times \quad 0.8 \qquad\qquad ÷ 10 をしたつもり$$

⬇ 小数点を左へ1つ移す ◄────┘

$$3 \quad \times \quad 0.8 \quad = \quad 2.4$$

「○○をしたつもり」で
計算できると
スピードアップにつながるね

012 4.6 × 0.5 を計算します。
◻ にあてはまる言葉や数を書きましょう。

◻ 数を ◻ 数にしてから計算します。

$$4.6 \quad \times \quad 0.5 \quad = \quad \boxed{2.3}$$

$$\times \boxed{10} \qquad \times \boxed{10} \qquad \qquad \div \boxed{100}$$

$$46 \quad \times \quad 5 \quad = \quad 230$$

答え： 2.3

ところで、ある数を「100 でわる」ことと「小数点を左へ 2 つ移す」ことは
同じことですから、4.6 × 0.5 は次のようにも計算できます。

$$4.6 \quad \times \quad 0.5$$

⬇ 小数点がないつもりで計算（それぞれ × 10 をしたつもり）

$$4.6 \quad \times \quad 0.5 \quad = \quad 230$$

⬇ 小数点よりも小さい数が 2 つある ┐

$$4.6 \quad \times \quad 0.5 \qquad \qquad \div 100 \text{ をしたつもり}$$

⬇ 小数点を左へ 2 つ移す ◄──┘

$$4.6 \quad \times \quad 0.5 \quad = \quad 2.30$$

小数点より右側にある
右はしの 0 は
書かない約束だよ

小5-2 小数のかけ算

013 次の ⬚ にあてはまる数を書きましょう。　／5

(1) 2 × 9 = ⬚

(2) 2 × 0.9 は 2 × 9 と比べると、かける数の小数点から

下のけた数の個数が 1 個なので、積の小数点から下のけた数の

個数も ⬚ 個となり、2 × 0.9 = ⬚ と計算できます。

(3) 0.2 × 9 は 2 × 9 と比べると、かけられる数の小数点から

下のけた数の個数が 1 個なので、積の小数点から下のけた数の

個数も ⬚ 個となり、0.2 × 9 = ⬚ と計算できます。

(4) 0.2 × 0.9 は 2 × 9 と比べると、かけられる数とかける数の

小数点から下のけた数の個数の和が 2 個なので、積の小数点から

下のけた数も ⬚ 個となり、0.2 × 0.9 = ⬚ と

計算できます。

(5) 0.2 × 0.09 は 2 × 9 と比べると、かけられる数とかける数の

小数点から下のけた数の個数の和が 3 個なので、積の小数点から

下のけた数も ⬚ 個となり、0.2 × 0.09 = ⬚ と

計算できます。

014 次の ☐ にあてはまる数を書きましょう。 / 5

(1) 6 × 7 = ☐

(2) 6 × 0.7 は 6 × 7 と比べると、かける数の小数点から

下のけた数の個数が 1 個なので、積の小数点から下のけた数の

個数も ☐ 個となり、6 × 0.7 = ☐ と計算できます。

(3) 0.6 × 7 は 6 × 7 と比べると、かけられる数の小数点から

下のけた数の個数が 1 個なので、積の小数点から下のけた数の

個数も ☐ 個となり、0.6 × 7 = ☐ と計算できます。

(4) 0.6 × 0.7 は 6 × 7 と比べると、かけられる数とかける数の

小数点から下のけた数の個数の和が 2 個なので、積の小数点から

下のけた数も ☐ 個となり、0.6 × 0.7 = ☐ と

計算できます。

(5) 0.6 × 0.07 は 6 × 7 と比べると、かけられる数とかける数の

小数点から下のけた数の個数の和が 3 個なので、積の小数点から

下のけた数も ☐ 個となり、0.6 × 0.07 = ☐ と

計算できます。

015 次の ___ にあてはまる数を書きましょう。　　／5

(1)　13 × 4 = ___

(2)　13 × 0.4 は 13 × 4 と比べると、かける数の小数点から

下のけた数の個数が 1 個なので、積の小数点から下のけた数の

個数も ___ 個となり、13 × 0.4 = ___ と計算できます。

(3)　1.3 × 4 は 13 × 4 と比べると、かけられる数の小数点から

下のけた数の個数が 1 個なので、積の小数点から下のけた数の

個数も ___ 個となり、1.3 × 4 = ___ と計算できます。

(4)　1.3 × 0.4 は 13 × 4 と比べると、かけられる数とかける数の

小数点から下のけた数の個数の和が 2 個なので、積の小数点から

下のけた数も ___ 個となり、1.3 × 0.4 = ___ と

計算できます。

(5)　0.13 × 0.4 は 13 × 4 と比べると、かけられる数とかける数の

小数点から下のけた数の個数の和が 3 個なので、積の小数点から

下のけた数も ___ 個となり、0.13 × 0.4 = ___ と

計算できます。

016 次の計算をしましょう。 /4

(1) 8 × 0.3

(2) 11 × 0.7

(3) 0.5 × 8

(4) 1.8 × 4

017 1m の重さが 0.8kg の金属(きんぞく)の棒(ぼう)があります。 /2

(1) この棒(ぼう) 2m の重さは何 kg ですか。

式

答え _____ kg

(2) この棒(ぼう) 2.5m の重さは何 kg ですか。

式

答え _____ kg

018 0.38 × 0.24 を筆算で計算しましょう。

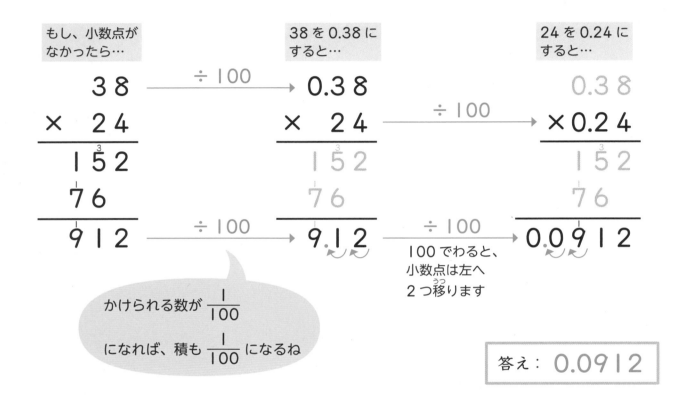

もし、小数点が
なかったら…

38
× 24
―――
152
76
―――
912

÷100 →

38 を 0.38 に
すると…

0.38
× 24
―――
152
76
―――
9.12

÷100 →

24 を 0.24 に
すると…

0.38
×0.24
―――
152
76
―――
0.0912

100 でわると、
小数点は左へ
2つ移ります

かけられる数が $\frac{1}{100}$

になれば、積も $\frac{1}{100}$ になるね

答え： 0.0912

「0.38 × 0.24」の計算順序

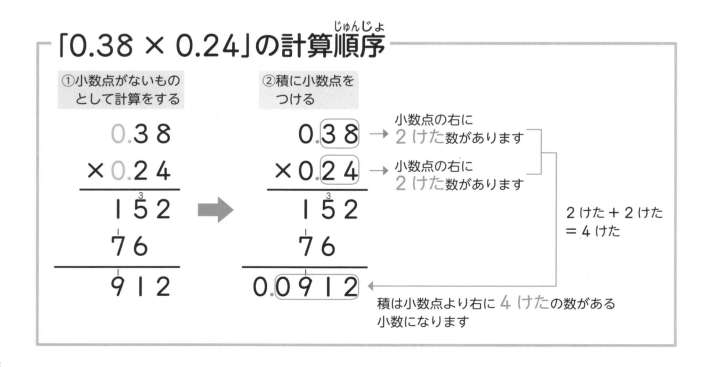

①小数点がないもの
として計算をする

0.38
×0.24
―――
152
76
―――
912

→

②積に小数点を
つける

0.38 → 小数点の右に
2けた数があります

×0.24 → 小数点の右に
2けた数があります

152
76
―――
0.0912

2けた＋2けた
＝4けた

積は小数点より右に 4けた の数がある
小数になります

26

①小数点がないものとして計算します。

②積の小数点から右のけた数＝かけられる数の小数点から右のけた数＋
　かける数の小数点から右のけた数

---

019 0.07 × 6.3 を筆算で計算しましょう。

①小数点がないもの
として計算をする

$$
\begin{array}{r}
0.07 \\
\times\ 6.3 \\
\hline
21 \\
42\ \ \\
\hline
441
\end{array}
$$

②積に小数点を
つける

$$
\begin{array}{r}
0.07 \\
\times\ 6.3 \\
\hline
21 \\
42\ \ \\
\hline
0.441
\end{array}
$$

→ 小数点の右に
2けた数があります

→ 小数点の右に
1けた数があります

2けた＋1けた
＝3けた

積は小数点より右に 3けたの数がある
小数になります

小数の筆算も整数のときと
同じように、右はしを
そろえて書くんだね

答え： 0.441

小5-3 小数のかけ算の筆算

020 2.46 × 3 を筆算で計算しましょう。

小数点がなければ

$$
\begin{array}{r}
2\,4\,6 \\
\times \quad 3 \\
\hline
7\,3\,8
\end{array}
$$

なので、

$$
\begin{array}{r}
2.4\,6 \\
\times \quad 3 \\
\hline
\end{array}
$$

です。

小数点より下は
2 けただね

答え： 7.38

021 5.7 × 0.8 を筆算で計算しましょう。

小数点がなければ

$$
\begin{array}{r}
5\,7 \\
\times \quad 8 \\
\hline
4\,5\,6
\end{array}
$$

なので、

$$
\begin{array}{r}
5.7 \\
\times \quad 0.8 \\
\hline
\end{array}
$$

です。

小数点より下は、かけられる数も
かける数もそれぞれ 1 けただから、
積の小数点は下から
1 けた ＋ 1 けた ＝ 2 けた　だ

答え： 4.56

022　0.77 × 0.4 を筆算で計算しましょう。

小数点がなければ

$$
\begin{array}{r}
77 \\
\times \quad 4 \\
\hline
308
\end{array}
$$

なので、

$$
\begin{array}{r}
0.77 \\
\times \quad 0.4 \\
\hline
\end{array}
$$

です。

小数点より下は、
かけられる数が 2 けた、かける数が
1 けただから、積の小数点は下から
2 けた ＋ 1 けた ＝ 3 けた　だ

答え： 0.308

023　0.25 × 0.8 を筆算で計算しましょう。

小数点がなければ

$$
\begin{array}{r}
25 \\
\times \quad 8 \\
\hline
200
\end{array}
$$

なので、

$$
\begin{array}{r}
0.25 \\
\times \quad 0.8 \\
\hline
\end{array}
$$

です。

注意　0.200 のように小数点より下の右はしに 0 があるときは、
　　　0 にななめ線を書きます。

0.200　　　0.200

答え： 0.2

小5-3 小数のかけ算の筆算

やって
みよう

024 次の筆算をしましょう。 　　／8

(1)
$$
\begin{array}{r}
2\,7 \\
\times\ 0.6 \\
\hline
\end{array}
$$

(2)
$$
\begin{array}{r}
0.3 \\
\times\ 1\,5 \\
\hline
\end{array}
$$

(3)
$$
\begin{array}{r}
0.3\,8 \\
\times\ \ \ 7 \\
\hline
\end{array}
$$

(4)
$$
\begin{array}{r}
2\,6 \\
\times\,0.0\,4 \\
\hline
\end{array}
$$

(5)
$$
\begin{array}{r}
1\,2 \\
\times\ 0.5 \\
\hline
\end{array}
$$

(6)
$$
\begin{array}{r}
0.7 \\
\times\ 1\,5 \\
\hline
\end{array}
$$

(7)
$$
\begin{array}{r}
5.6\,7 \\
\times\ \ \ 6 \\
\hline
\end{array}
$$

(8)
$$
\begin{array}{r}
1\,3\,5 \\
\times\,0.0\,7 \\
\hline
\end{array}
$$

やって
みよう

025 次の筆算をしましょう。　　　／6

(1)
$$\begin{array}{r} 8.3 \\ \times\ 4.7 \\ \hline \end{array}$$

(2)
$$\begin{array}{r} 4.7 \\ \times\ 3.2 \\ \hline \end{array}$$

(3)
$$\begin{array}{r} 9.3 \\ \times\ 4.8 \\ \hline \end{array}$$

(4)
$$\begin{array}{r} 5.2 \\ \times\ 2.5 \\ \hline \end{array}$$

(5)
$$\begin{array}{r} 0.28 \\ \times\ 1.9 \\ \hline \end{array}$$

(6)
$$\begin{array}{r} 4.1 \\ \times\ 0.57 \\ \hline \end{array}$$

026 次の筆算をしましょう。 　／4

(1)
```
      7.8 3
  ×    9.4
```

(2)
```
      2.5 9
  × 6 3.5
```

(3)
```
      4.6 8
  × 1.2 5
```

(4)
```
      6.9 6
  × 8.9 9
```

027 1L の重さが 1.02kg のジュースが
あります。   / 2

(1) このジュース 5L の重さは何 kg ですか。

式や筆算

答え _____ kg

(2) このジュース 2.6L の重さは何 kg ですか。

式や筆算

答え _____ kg

小5 4 小数のわり算

028 3.5m が 84 円のリボンについて、次の問いに答えましょう。

(1) 35m 分の代金を求める式と答えを書きましょう。

式 $84 \times 10 = 840$

答え：840 円

(2) このリボン 1m の代金を求める式と答えを書きましょう。

式 $840 \div 35 = 24$

答え：24 円

029 **028** を参考にして、84 ÷ 3.5 の計算のしかたを
考えましょう。

3.5m 分の代金 ……… 84 円

$\downarrow \times 10$　　　　　$\downarrow \times 10$

35m 分の代金 ……… 840 円

リボンの長さが
10 倍になれば
代金も 10 倍になるね

35m 買っても、3.5m 買っても、1m 分の代金は同じですから、
小数を整数にしてから計算をします。

$$84 \div 3.5 = (84 \times 10) \div (3.5 \times 10)$$
$$= 840 \div 35$$
$$= 24$$

答え：24

---

030 1.5L の重さが 1.8kg のジュースについて、
次の問いに答えましょう。

(1) このジュース 15L の重さを求める式と答えを書きましょう。

式 $1.8 \times 10 = 18$

答え： 18 kg

(2) ジュース 1L の重さを求める式と答えを書きましょう。

式 $18 \div 15 = 1.2$

答え： 1.2 kg

---

031 030 を参考にして、1.8 ÷ 1.5 の計算のしかたを
考えましょう。

小数を整数にしてから計算をします。

$$1.8 \div 1.5 = (1.8 \times 10) \div (1.5 \times 10)$$
$$= 18 \div 15$$
$$= 1.2$$

答え： 1.2

わられる数とわる数の
両方を 10 倍しても
商は 10 倍しないときと
同じだね

小5-4 小数のわり算

032 $64 \div 1.6$ を計算します。
　　　□ にあてはまる言葉や数を書きましょう。

わる 数を整数に直して計算します。

$$64 \div 1.6 = (64 \times \boxed{}) \div (1.6 \times \boxed{})$$
$$= 640 \div 16$$
$$= 40$$

答え： 40

ところで、小数を「10倍する」ことと「小数点を右へ1つ移す」ことは
同じことですから、$64 \div 1.6$ は次のようにも計算できます。

$$64 \div 1.6 = 640 \div 16$$
$$= 40$$

033 $7.5 \div 2.5$ を、小数点を移して計算します。
　　　□ にあてはまる数を書きましょう。

わる数の小数点を1けた右に移すので、
わられる数の小数点も1けた右に移します。

$$7.5 \div 2.5 = \boxed{} \div \boxed{}$$
$$= 3$$

答え： 3

わる数の小数点を移した数と同じだけ、
わられる数の小数点も移すんだよ

034 1.25 ÷ 0.5 を、小数点を移して計算しましょう。

わる数の小数点を 1 けた右に移すので、
わられる数の小数点も 1 けた右に移します。

$$1.25 \div 0.5 = 12.5 \div 5$$
$$= 2.5$$

小数点の移すけた数は、
わる数が整数になる分だけなんだ

答え： 2.5

035 4.5 ÷ 0.05 を、小数点を移して計算しましょう。

わる数の小数点を 2 けた右に移すので、
わられる数の小数点も 2 けた右に移します。

$$4.5 \div 0.05 = 450 \div 5$$
$$= 90$$

答え： 90

わる数が整数になるよう小数点を移します

$$4.5 \div 0.05 = 450 \div ⑤$$

$$4.5 \div 0.05 = 45 \div 0.5 ✕$$

小5-4 **小数のわり算**

やって
みよう

036 次の $\square$ にあてはまる数を書きましょう。 /6

(1) $12 \div 0.8 = (12 \times \square) \div (0.8 \times \square)$
$= \square \div \square = \square$

(2) $27 \div 0.9 = (27 \times \square) \div (0.9 \times \square)$
$= \square \div \square = \square$

(3) $18 \div 0.6 = (18 \times \square) \div (0.6 \times \square)$
$= \square \div \square = \square$

(4) $6 \div 0.4 = (6 \times \square) \div (0.4 \times \square)$
$= \square \div \square = \square$

(5) $84 \div 0.7 = (84 \times \square) \div (0.7 \times \square)$
$= \square \div \square = \square$

(6) $12 \div 1.2 = (12 \times \square) \div (1.2 \times \square)$
$= \square \div \square = \square$

037 次の ☐ にあてはまる数を
書きましょう。   ／6

(1) 1.5 ÷ 0.3 = (1.5 × ☐) ÷ (0.3 × ☐)

= ☐ ÷ ☐ = ☐

(2) 4.2 ÷ 0.6 = (4.2 × ☐) ÷ (0.6 × ☐)

= ☐ ÷ ☐ = ☐

(3) 18.9 ÷ 0.7 = (18.9 × ☐) ÷ (0.7 × ☐)

= ☐ ÷ ☐ = ☐

(4) 1.62 ÷ 0.06 = (1.62 × ☐) ÷ (0.06 × ☐)

= ☐ ÷ ☐ = ☐

(5) 8.05 ÷ 0.05 = (8.05 × ☐) ÷ (0.05 × ☐)

= ☐ ÷ ☐ = ☐

(6) 4.24 ÷ 0.08 = (4.24 × ☐) ÷ (0.08 × ☐)

= ☐ ÷ ☐ = ☐

038　次の式の小数点を移して計算するとき、
　　　□ にあてはまる数を書きましょう。

／6

(1)　1.6 ÷ 0.8 ＝ □ ÷ □ ＝ □

(2)　3.2 ÷ 0.4 ＝ □ ÷ □ ＝ □

(3)　4 ÷ 0.8 ＝ □ ÷ □ ＝ □

(4)　9 ÷ 0.6 ＝ □ ÷ □ ＝ □

(5)　5.6 ÷ 0.07 ＝ □ ÷ □ ＝ □

(6)　4.8 ÷ 0.08 ＝ □ ÷ □ ＝ □

039 次の計算をしましょう。 ／5

(1) 15 ÷ 0.5

(2) 2.7 ÷ 0.9

(3) 3.45 ÷ 0.03

(4) 1.8 ÷ 0.04

(5) 1.3 ÷ 0.13

040 長さが 0.8m、重さが 9.6kg の丸太があります。
この丸太 1m 分の重さを求めましょう。 ／1

式

答え _____ kg

041 3.91 ÷ 2.3 を筆算で、わり切れるまで計算しましょう。

1 はじめに小数点を移します。

①わる数を整数にします
×10

②わる数に 10 をかけたので、
わられる数にも 10 をかけます

④移した小数点を
書きます

③小数点にななめ線を
引いて消します

これで計算の準備が
完りょうしたよ

2 わり算を整数のときと同じようにします。

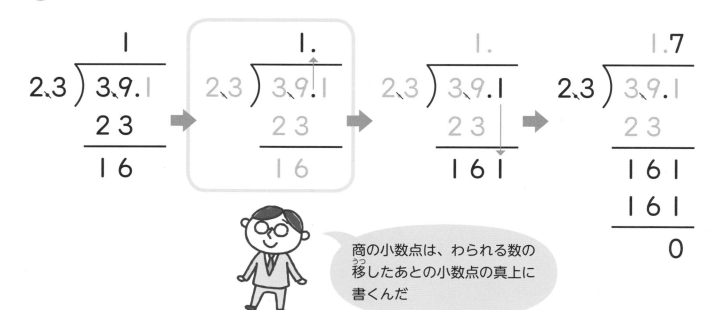

商の小数点は、わられる数の
移したあとの小数点の真上に
書くんだ

答え：1.7

42

ポイント

わる数の小数点を移したけた数と同じけた数だけ、わられる数の小数点を移します。

042 $2.96 \div 0.37$ を筆算で、わり切れるまで計算しましょう。

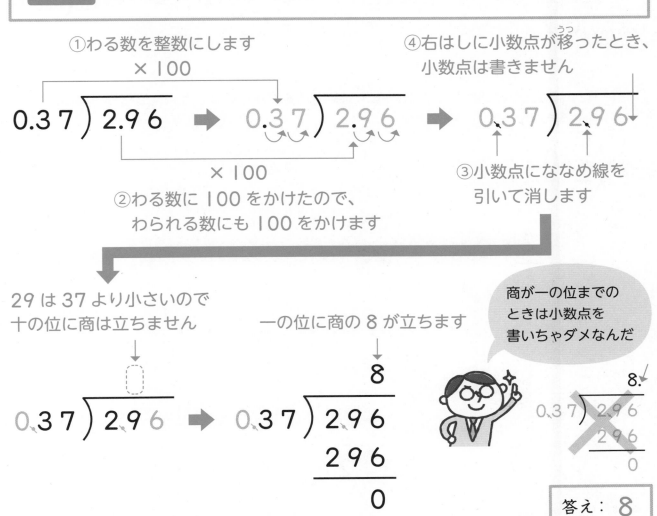

①わる数を整数にします
×100

④右はしに小数点が移ったとき、小数点は書きません

×100
②わる数に 100 をかけたので、わられる数にも 100 をかけます

③小数点にななめ線を引いて消します

29 は 37 より小さいので十の位に商は立ちません

一の位に商の 8 が立ちます

商が一の位までのときは小数点を書いちゃダメなんだ

答え：8

小数のわり算の筆算の順序

小数点を移す

商に小数点を書く

小5-5 小数のわり算の筆算

043 0.72 ÷ 3.6 を筆算で、わり切れるまで計算しましょう。

$$3.6\,\overline{)\,0.72} \Rightarrow 3.6\,\overline{)\,0.7.2} \Rightarrow 3.6\,\overline{)\,0.7.2}^{\,0} \Rightarrow 3.6\,\overline{)\,0.7.2}^{\,0.}$$

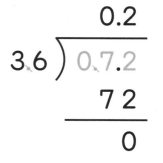

商の小数点の左に
商が立たないときは、
「0.～」のように書くよ

答え： 0.2

044 2.415 ÷ 2.3 を筆算で、わり切れるまで計算しましょう。

$$2.3\,\overline{)\,2.415} \Rightarrow 2.3\,\overline{)\,2.4.15} \Rightarrow 2.3\,\overline{)\,2.4.15}$$

商が立たない
位には、0を
書くんだ

答え： 1.05

045 $4 \div 2.5$ を筆算で、わり切れるまで計算しましょう。

```
        2.5)4
```
➡
```
        2.5)40
```
➡
```
              1
        2.5)40
            25
            15
```

```
           1.
        2.5)40.0
            25
            150
```
➡
```
           1.6
        2.5)40.0
            25
            150
            150
              0
```

わられる数に小数点と
0 をつけたしてわり切れる
まで計算しよう

答え： 1.6

046 $20.7 \div 0.09$ を筆算で、わり切れるまで計算しましょう。

```
        0.09)20.7
```
➡
```
        0.09)2070
```
➡
```
                2
        0.09)2070
             18
              2
```

```
            23
        0.09)2070
             18
             27
             27
              0
```
➡
```
            230
        0.09)20700
             18
             27
             27
              0
```

わられる数が 0 なので
商も 0 になるね

答え： 230

小5-5 小数のわり算の筆算

047 次の筆算をしましょう。　　　／10

（1）

$$3.6 \overline{)6.12}$$

0

（2）

$$4.3 \overline{)18.49}$$

0

（3）

$$0.52 \overline{)2.08}$$

0

（4）

$$0.03 \overline{)4.56}$$

0

(5)

$$0.05 \overline{)17.5}$$

0

(6)

$$0.75 \overline{)48}$$

0

(7)

$$6.8 \overline{)4.42}$$

0

(8)

$$0.8 \overline{)7}$$

0

(9)

$$3.28 \overline{)8.2}$$

0

(10)

$$2.15 \overline{)1.29}$$

0

048 次の計算を筆算で、わり切れるまで
計算しましょう。

/8

（1） 3.64 ÷ 1.4

（2） 3.78 ÷ 5.4

（3） 5.44 ÷ 0.34

（4） 6.072 ÷ 0.92

（5） 56 ÷ 3.5

（6） 41.4 ÷ 0.18

(7) $3.61 \div 9.5$

(8) $2 \div 1.6$

書いて
みよう

049

植木ばちの中に 24.8L の土が入っています。この土を取り出して重さを量ると 12.4kg ありました。この土 1L 分の重さを求めましょう。

／

式や筆算

答え _____ kg

小5 6 小数のわり算 がい数とあまり

つまずきをなくす
説明

050 $4.6 ÷ 0.6$ の商を、四捨五入して $\frac{1}{10}$ の位までのがい数で表しましょう。

$\frac{1}{10}$ の位　　$\frac{1}{100}$ の位

```
              7
            7.6 6
   0.6 ) 4.6.0 0
          4 2
            4 0
            3 6
              4 0
              3 6
                4
```

$\frac{1}{10}$ の位まで求めるときは、1けた下の $\frac{1}{100}$ の位まで求め、その数を四捨五入するんだよ

```
0.6 ) 4.6  ➡  0.6 ) 4.6
```

答え： 7.7

説明 右上の筆算で「0」の 0 は書いても書かなくてもどちらでもかまいません。

---

051 $2.55 ÷ 7.4$ の商を四捨五入して、上から2けたのがい数で表しましょう。

求める答えの1けた
下の位まで計算します
上から2けた目
上から1けた目

```
            0.3 4 4
   7.4 ) 2.5.5 0 0
          2 2 2
            3 3 0
            2 9 6
              3 4 0
              2 9 6
                4 4
```

```
7.4 ) 2.55  ➡  7.4 ) 2.5.5
```

0.～となる数は、初めて出てくる 0 以外の数が 1けた目になるんだ

商が 0.344… となるので、上から3けた目を四捨五入します。

$0.344… ➡ 0.34$

答え： 0.34

50

ポイント

①四捨五入でがい数を求めるときは、求める数の 1 けた下の位を四捨五入します。

②あまりの小数点の位置は、わられる数の小数点を移す前の位置です。

---

052 6.4 ÷ 2.6 の商を一の位まで求め、あまりも書きましょう。

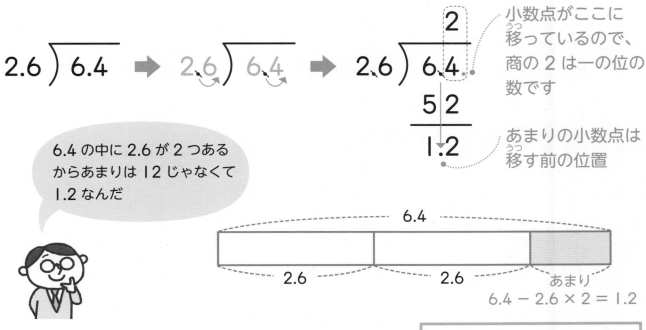

小数点がここに移っているので、商の 2 は一の位の数です

あまりの小数点は移す前の位置

6.4 の中に 2.6 が 2 つあるからあまりは 12 じゃなくて 1.2 なんだ

6.4 − 2.6 × 2 = 1.2

答え： 2 あまり 1.2

説明 「あまり」は「…」でも正解です。

---

053 6.4m のリボンを 2.6m の長さに切り分けます。2.6m のリボンが何本取れて、何 m 余りますか。**052** を参考にして考えましょう。

6.4 ÷ 2.6 = 2 あまり 1.2

答え： 2.6m のリボンが 2 本取れて、1.2m 余る

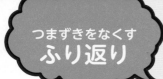
小5-6 小数のわり算　がい数とあまり

054 11 ÷ 3.7 の商を、四捨五入して $\frac{1}{10}$ の位までのがい数で表しましょう。

$3.7\overline{)11}$ ➡ $3.7\overline{)110}$ ➡

$$3.7\overline{)110.00}$$

```
       3.0
      2.97
3.7)110.00
     74
    360
    333
     270
     259
      11
```

答え：3.0

「 $\frac{1}{10}$ の位まで求めなさい」の答え方

$\begin{array}{c} 3 \\ 2.97\cdots \end{array}$ → 〇 3.0

$\frac{1}{10}$ の位が 0 ならば
0 を書きます

$\begin{array}{c} 3 \\ 2.97\cdots \end{array}$ → ✕ 3

$\frac{1}{10}$ の位に何も書かれて
いないので✕です

---

055 9.6 ÷ 4.7 の商を四捨五入して、上から2けたのがい数で表しましょう。

0 の左に数があるときは、
0 もけた数に数えます

2 けた目

1 けた目

```
      2.04
4.7)9.6.00
    94
    200
    188
     12
```

$4.7\overline{)9.6}$ ➡ $4.7\overline{)9.6}$ ➡

答え：2.0

52

056	$10.52 \div 0.58$ の商を一の位まで求め、あまりも書きましょう。

$$0.58\overline{)10.52} \Rightarrow 0.58\overline{)1052} \Rightarrow$$

```
          1 8
0.58 ) 1 0.5 2
         5 8
       ─────────
         4 7 2
         4 6 4
       ─────────
         0.0 8
```

小数点の両側に
数がないので
0を補います

答え:	18　あまり0.08

057	$90.7 \div 3.04$ の商を $\frac{1}{10}$ の位まで求め、あまりも書きましょう。

$$3.04\overline{)90.7} \Rightarrow 3.04\overline{)9070} \Rightarrow$$

```
            2 9.8
3.04 ) 9 0.7 0.0
        6 0 8
       ──────────
        2 9 9 0
        2 7 3 6
       ──────────
          2 5 4 0
          2 4 3 2
       ──────────
          0.1 0 8
```

小数点の左に
数がないので
0を補います

答え:	29.8　あまり0.108

小5-6 **小数のわり算　がい数とあまり**

やって
みよう

| 058 | 次のわり算の商を、四捨五入して $\frac{1}{10}$ の位までのがい数で表しましょう。 | /4 |

(1)

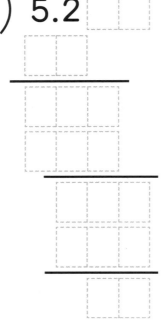

$$3.1\overline{)5.2}$$

答え _____

(2)

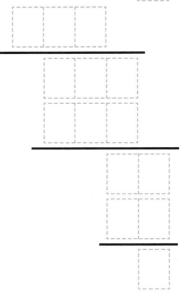

$$4.3\overline{)37.89}$$

答え _____

(3)

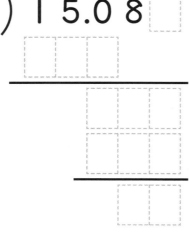

$$7.3\overline{)15.08}$$

答え _____

(4)

$$5.8\overline{)6.39}$$

答え _____

059　次のわり算の商を四捨五入して、
上から2けたのがい数で表しましょう。　　　　／2

（1）

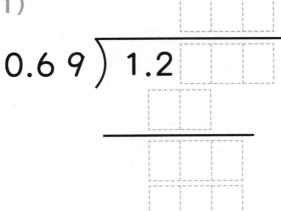

0.69 ⟌ 1.2

答え ＿＿＿＿＿＿＿＿

（2）

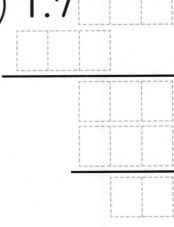

8.2 ⟌ 1.7

答え ＿＿＿＿＿＿＿＿

060　次のわり算の商を一の位まで求め、あまりも書きましょう。　／6

（1）14.5 ÷ 1.8

答え ＿＿＿＿　　あまり ＿＿＿＿

（2）44.3 ÷ 3.8

答え ＿＿＿＿　　あまり ＿＿＿＿

(3) 30.6 ÷ 0.7

答え　　　　あまり

(4) 59.62 ÷ 7.4

答え　　　　あまり

(5) 10.45 ÷ 0.28

答え　　　　あまり

(6) 9.34 ÷ 3.08

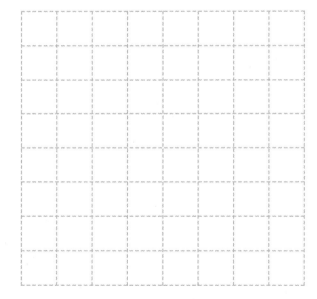

答え　　　　あまり

061 次のわり算の商を $\frac{1}{10}$ の位まで求め、あまり
も書きましょう。 　 ／2

(1) $10 \div 3.14$

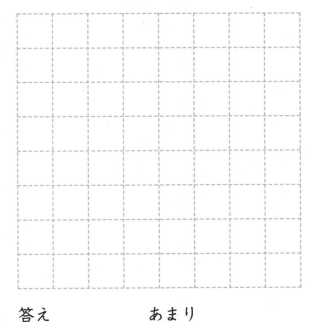

答え　　　　あまり

(2) $2.4 \div 3.4$

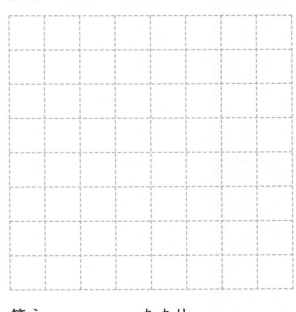

答え　　　　あまり

書いて
みよう

062 ゆでたおそばの重さを量ると 3.4kg ありま
した。1人分をちょうど 0.26kg にすると、
何人分までのおそばを用意できますか。 ／1

式や筆算

答え　　　　人分

ピキ君、ニャンキチ君、ピコエさんの３人が、
次の問題を解きました。

問題 2.3 ÷ 1.62 の商を、四捨五入して $\frac{1}{10}$ の位までの
がい数で答えましょう。

だれの答えが正しいですか。

ピキ君

わられる数が整数
になるよう、小数
点を移すんだよ

2.3 ÷ 1.62 ＝ 0.14…

```
        0.14
1.62 ) 2.3
       162
       680
       648
        32
```

答え 0.1

ニャンキチ君

そんなことしなく
ても、$\frac{1}{100}$ の位
の数を四捨五入す
ればだいじょうぶ

2.3 ÷ 1.62 ＝ 1.00…

```
        1.00
1.62 ) 2.3
       162
        68
```

答え 1.0

ピコエさん

わる数が整数にな
るよう、小数点を
移すよ

2.3 ÷ 1.62 ＝ 1.4…

```
        1.41
1.62 ) 2.30
       162
       680
       648
       320
       162
       158
```

答え 1.4

CHAPTER

3

分数

063 次の問いに答えましょう。

(1) 4の倍数を小さい方から10個求めます。表の空らんにあてはまる数を
書きましょう。

4にかける数	1	2	3	4	5	6	7	8	9	10
4の倍数	4	8	12							

4に整数をかけて
できる数が4の倍数だ

答え：（左から順に）16、20、24、
28、32、36、40

(2) 6の倍数を小さい方から10個求めます。表の空らんにあてはまる数を
書きましょう。

6にかける数	1	2	3	4	5	6	7	8	9	10
6の倍数	6	12	18							

かける数で一番小さい
数は0じゃなくて
1なんだ

答え：（左から順に）24、30、36、
42、48、54、60

(3) 4と6の公倍数を小さい方から順に3個求めましょう。

4　8　⑫　16　20　㉔　28　32　㊱　40
6　⑫　18　㉔　30　㊱　42　48　54　60

4の倍数にも6の倍数にもなって
いる数を4と6の公倍数というよ

答え：12、24、36

064 次の問いに答えましょう。

(1) 24 の約数を求めます。表の空らんにあてはまる数を書きましょう。

24 をわり切れる数	1	2	3	4				
24 をわったときの商	24	12	8	6	4	3	2	1

24 をわり切ることのできる数が 24 の約数だ

答え：（左から順に）6、8、12、24

(2) 16 の約数を求めます。表の空らんにあてはまる数を書きましょう。

16 をわり切れる数	1	2	4		
16 をわったときの商	16	8	4	2	1

答え：（左から順に）8、16

(3) 24 と 16 の公約数をすべて求めましょう。

①　②　3　④　6　⑧　12　24

①　②　④　⑧　16

24 の約数にも 16 の約数にもなっている数を 24 と 16 の公約数というよ

答え：1、2、4、8

小5-7 倍数と約数

065 次の2つの数の公倍数を小さい順に3つ求めましょう。また、(3) の □ にあてはまる数を書きましょう。

(1) 2と3

ヒント▶ 大きい方の数（2と3の場合は3）の倍数を書き出し、小さい方の数の倍数になっているかどうかを調べていくと、公倍数を早く見つけられます。

3の倍数	3、	6、	9、	12、	15、	18
2の倍数になっている	×、	○、	×、	○、	×、	○

答え：6、12、18

(2) 3と4

4の倍数	4、	8、	12、	16、	20、	24、	28、	32、	36
3の倍数になっている	×、	×、	○、	×、	×、	○、	×、	×、	○

答え：12、24、36

ヒント▶ (1) 最小公倍数が6 ➡ 公倍数 6、6×2＝12、6×3＝18
(2) 最小公倍数が12 ➡ 公倍数 12、12×2＝24、12×3＝36
のように、公倍数は、最小公倍数×整数 という計算で求められます。

(3) 6と8

8の倍数	8、	16、	24
6の倍数になっている	×、	×、	○

最小公倍数が24なので

24×2＝48、24× □ ＝ □

答え：24、48、72

066 次の2つの数の公約数をすべて求めましょう。また、(3) の □ にあてはまる数を書きましょう。

(1) 12 と 20

ヒント

小さい方の数（12 と 20 の場合は 12）の約数を書き出し、大きい方の数の約数になっているかどうかを調べていくと、公約数を早く見つけられます。

12 の約数	1、	2、	3、	4、	6、	12
20 の約数になっている	○、	○、	×、	○、	×、	×

答え：1、2、4

(2) 6 と 18

6 の約数	1、	2、	3、	6
18 の約数になっている	○、	○、	○、	○

答え：1、2、3、6

ヒント

(1) 最大公約数が 4 ➡ 公約数 1、2、4
(2) 最大公約数が 6 ➡ 公約数 1、2、3、6 のように、公約数は、最大公約数の約数を書き出して求めることができます。

(3) 12 と 18

小さい方の数 12 の約数について、大きい方から順に書き出し、18 の約数かどうかを調べます。

12 の約数	12、	6
18 の約数になっている	×、	○

最大公約数が 6 なので、

□ の約数 1、2、3、6 が公約数です。

答え：1、2、3、6

小5-7 倍数と約数

067 次の問いに答えましょう。   ／4

（1）　12 の倍数を小さい方から 3 つ求めましょう。

答え　　　　　、　　　　、

（2）　16 の倍数を小さい方から 3 つ求めましょう。

答え　　　　　、　　　　、

（3）　次の数の中から 6 の倍数をすべて選びましょう。

ヒント
6 × ★ の答えになる数が 6 の倍数です。

6、 9、 15、 18、 35、 42、 60、 70、 80、 90

答え

（4）　12 と 18 の公倍数を小さい方から 3 つ求めましょう。

ヒント
12 と 18 の最小公倍数をはじめに求めましょう。

空らんに〇か×を書きましょう。

18 の倍数	18	36	54
12 の倍数になっている	×		

答え　　　　　、　　　　、

068 次の問いに答えましょう。 / 4

(1) 30 の約数をすべて求めましょう。

答え _____

(2) 36 の約数をすべて求めましょう。

答え _____

(3) 次の数の中から 84 の約数をすべて選びましょう。

ヒント
84 ÷ ★ の答えが整数になるような ★ が 84 の約数です。

1、 2、 3、 4、 5、 6、 7、 12、 16、 20、
21、 22、 35

答え _____

(4) 18 と 30 の公約数を小さい方から 3 つ求めましょう。

ヒント
18 と 30 の最大公約数をはじめに求めましょう。

空らんに〇か×を書きましょう。

18 の約数	18	9	6
30 の約数になっている	×		

答え ____ 、 ____ 、 ____

069 次の問いに答えましょう。 　 / 2

(1) 24 と 60 の最小公倍数を求めましょう。

答え _____

(2) 36 と 48 の最大公約数を求めましょう。

答え _____

---

070 次の問いに答えましょう。 　 / 3

(1) 1 から 10 までの整数のうち、2 の倍数は何個ありますか。下の図を見て答えましょう。

0	2×1=2	2×2=4	2×3=6	2×4=8	2×5=10
	1個目	2個目	3個目	4個目	5個目

答え 　　　　個

(2) 1 から 10 までの整数のうち 2 の倍数が何個あるか、(1) の図をヒントに、式を書いて求めてみましょう。

式

答え 　　　　個

(3) 1 から 50 までの整数のうち 2 の倍数が何個あるか、式を書いて求めてみましょう。

式

答え 　　　　個

66

071 次の問いに答えましょう。 ／3

(1) 1から10までの整数のうち、3の倍数は何個ありますか。下
の図を見て答えましょう。

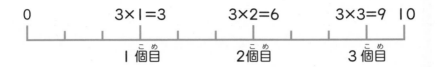

0　　　　3×1=3　　　　3×2=6　　　　3×3=9　10
　　　　　1個目　　　　　2個目　　　　　3個目

答え　　　　　　　個

(2) 1から10までの整数のうち3の倍数が何個あるか、(1) の
図をヒントに、式を書いて求めてみましょう。

式

答え　　　　　　　個

(3) 1から50までの整数のうち3の倍数が何個あるか、式を書
いて求めてみましょう。

式

答え　　　　　　　個

072 リンゴが30個、ミカンが24個あります。それぞ
れの果物を、余りが出ないように同じ数ずつできる
だけ多くの人に配ります。何人に配ることができま
すか。 ／1

考え方

1人分のリンゴの個数を求める式、30個 ÷ 人数 が余らずわり切れると
きなので、人数は30の　　　　数です。ミカンも同じように考えると、人
数は24の　　　　数です。できるだけ多くの人に配りたいので、求める人
数は30と24の最　　公　　　数です。　　　　　答え　　　　　　　人

073 下の数直線を見ながら、問いに答えましょう。

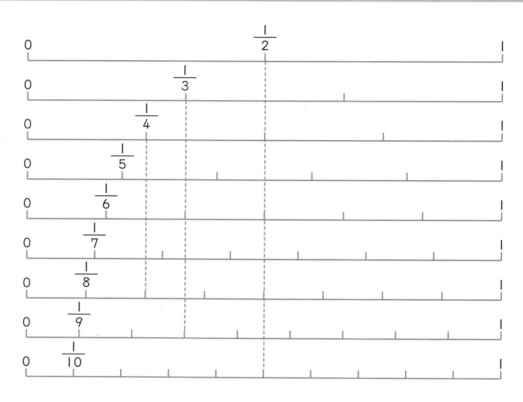

（1） $\dfrac{1}{2}$ と等しい大きさの分数を、分母が小さい方から順に 4 つ書きましょう。

答え： $\dfrac{2}{4}$ 、 $\dfrac{3}{6}$ 、 $\dfrac{4}{8}$ 、 $\dfrac{5}{10}$

（2） $\dfrac{1}{3}$ と等しい大きさの分数を、分母が小さい方から順に 2 つ書きましょう。

答え： $\dfrac{2}{6}$ 、 $\dfrac{3}{9}$

（3） $\dfrac{1}{4}$ と等しい大きさの分数を、上の数直線から 1 つ見つけて書きましょう。

答え： $\dfrac{2}{8}$

ポイント

分母と分子を同じ数でわって、分母をできるだけ小さな分数にすることを約分といいます。

---

074 073 でわかったことを参考にして次の ☐ にあてはまる数を書きましょう。

(1)

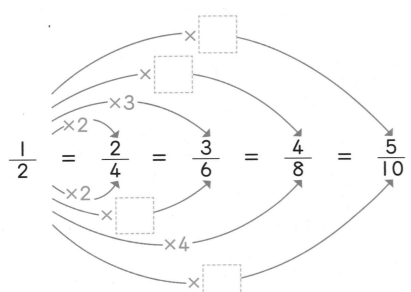

分母と分子に同じ数をかけると大きさの等しい分数ができるね

答え：（上から順に）5、4、3、5

(2)

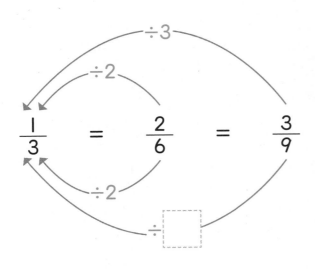

分母と分子を同じ数でわっても分数の大きさは変わらないんだ

答え： 3

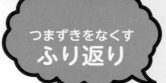

075 次の ⬚ にあてはまる数を書きましょう。

(1)

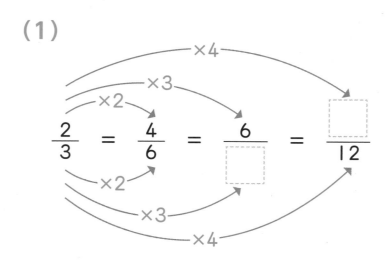

答え：（左から順に） 9、8

(2)

答え：（左から順に） 3、8

(3)

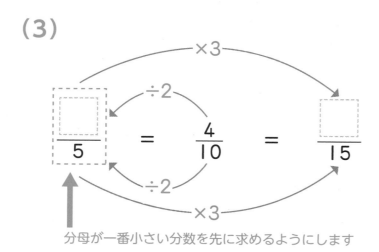

分母が一番小さい分数を先に求めるようにします

答え：（左から順に） 2、6

076 次の分数を約分して、分母ができるだけ小さな数の分数で
表しましょう。

(1)

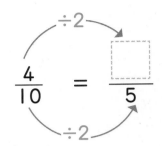

$$\frac{4}{10} = \frac{\boxed{}}{5}$$

答え： $\dfrac{2}{5}$

(2)

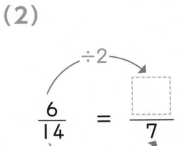

$$\frac{6}{14} = \frac{\boxed{}}{7}$$

答え： $\dfrac{3}{7}$

077 $\dfrac{12}{18}$ を約分しましょう。

(1) 小さい数で順にわりましょう。

約分の計算順序と書き方

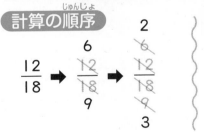

計算の順序
$$\frac{12}{18} \Rightarrow \frac{\cancel{12}^{6}}{\cancel{18}_{9}} \Rightarrow \frac{\cancel{\cancel{12}^{6}}^{2}}{\cancel{\cancel{18}_{9}}_{3}}$$

①分母と分子を　　②分母と分子を
2でわります　　　3でわります

書き方
$$\frac{\cancel{\cancel{12}^{6}}^{2}}{\cancel{\cancel{18}_{9}}_{3}} = \frac{2}{3}$$

答え： $\dfrac{2}{3}$

(2) 最大公約数でわりましょう。

最大公約数を用いた約分の書き方

$$\frac{\cancel{12}^{2}}{\cancel{18}_{3}} = \frac{2}{3}$$

18と12の最大公約数の
6で分母と分子をわります

ヒント
最大公約数は、「分母－分子」
の約数の中にあります。

例
18－12＝6
6の約数…1、2、3、6

最大公約数でわると1回で
約分ができるね

答え： $\dfrac{2}{3}$

小5-8 **約分**

078　次の ⬚ にあてはまる分数を書きましょう。 ／9

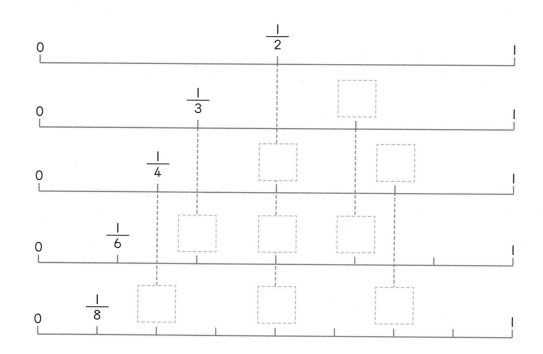

079　次の ⬚ にあてはまる数を書きましょう。 ／4

(1)　$\dfrac{3}{8} = \dfrac{6}{\boxed{}} = \dfrac{9}{\boxed{}} = \dfrac{12}{\boxed{}}$

(2)　$\dfrac{5}{6} = \dfrac{\boxed{}}{12} = \dfrac{\boxed{}}{18} = \dfrac{\boxed{}}{24}$

(3)　$\dfrac{3}{4} = \dfrac{\boxed{}}{8} = \dfrac{9}{\boxed{}} = \dfrac{\boxed{}}{16}$

(4) $\dfrac{3}{7} = \dfrac{6}{\Box} = \dfrac{\Box}{21} = \dfrac{12}{\Box}$

080 次の $\Box$ にあてはまる数を書きましょう。 　／4

(1) $\dfrac{2}{3} = \dfrac{6}{\Box} = \dfrac{\Box}{15} = \dfrac{14}{\Box}$

(2) $\dfrac{2}{9} = \dfrac{\Box}{18} = \dfrac{12}{\Box} = \dfrac{\Box}{72}$

(3) $\dfrac{\Box}{4} = \dfrac{\Box}{12} = \dfrac{24}{32} = \dfrac{\Box}{60}$

(4) $\dfrac{\Box}{7} = \dfrac{24}{\Box} = \dfrac{30}{35} = \dfrac{\Box}{84}$

081　次の分数を約分しましょう。 ／6

(1) $\dfrac{6}{8}$　　　　(2) $\dfrac{8}{12}$

(3) $\dfrac{15}{18}$　　　　(4) $\dfrac{15}{20}$

(5) $\dfrac{24}{42}$　　　　(6) $\dfrac{36}{54}$

082 次の問いに答えましょう。(2) は □ に
あてはまる言葉も書きましょう。

/4

(1) 120 − 114 を計算しなさい。

答え _____

(2) 120 と 114 の最大公約数を求めなさい。

考え方

120 と 114 の最大公約数は、120 と 114 の差である 6 の □ 数の
中にあります。6 の □ 数は、1、2、3、6 ですから、大きい 6 から
順に 120 をわり切ることができるかを調べ、初めてわり切ることができ
た数が最大公約数です。

答え _____

(3) $\dfrac{114}{120}$ を約分しなさい。

答え _____

(4) $\dfrac{2002}{2013}$ を約分しなさい。

答え _____

つまずきをなくす
説明

---

083 ２つの分数の大きさを比べ、 [　] の中に、＜、＞のうち
あてはまるものを書きましょう。

---

(1)

$\dfrac{1}{3}$ [　] $\dfrac{2}{3}$

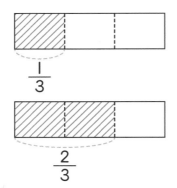

分母が同じ分数は、分子が
大きい分数の方が大きいね

答え： $\dfrac{1}{3} < \dfrac{2}{3}$

---

(2)

$\dfrac{1}{3}$ [　] $\dfrac{1}{4}$

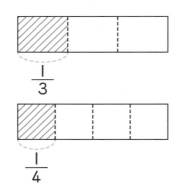

分子が同じ分数は、分母が
大きい分数の方が小さいね

答え： $\dfrac{1}{3} > \dfrac{1}{4}$

---

(3)

$\dfrac{1}{3}$ [　] $\dfrac{5}{12}$

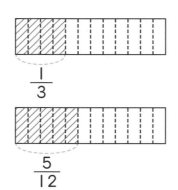

同じ大きさのかたまり＝分母が
同じ分数だと比べられるね

答え： $\dfrac{1}{3} < \dfrac{5}{12}$

ポイント

分母を何倍かして、分母が同じ分数に直すことを通分といいます。

083 (3) を計算で考えてみましょう。

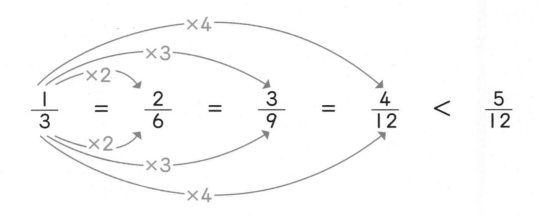

$$\frac{1}{3} = \frac{2}{6} = \frac{3}{9} = \frac{4}{12} \quad < \quad \frac{5}{12}$$

---

084 $\dfrac{1}{4}$ と $\dfrac{7}{20}$ の大きさを比べ、□ の中に、<、>のうち
あてはまるものを書きましょう。

$$\frac{1}{4} = \frac{5}{20} \quad < \quad \frac{7}{20}$$

答え： $\dfrac{1}{4}$ $<$ $\dfrac{7}{20}$

---

085 $\dfrac{1}{4}$ と $\dfrac{2}{7}$ の大きさを比べ、□ の中に、<、>のうち
あてはまるものを書きましょう。

$$\frac{1}{4} = \frac{2}{8} = \frac{3}{12} = \frac{4}{16} = \frac{5}{20} = \frac{6}{24} = \boxed{\frac{7}{28}}$$

$$\frac{2}{7} = \frac{4}{14} = \frac{6}{21} = \boxed{\frac{8}{28}}$$

分母が同じ分数で
大きさを比べます

答え： $\dfrac{1}{4}$ $<$ $\dfrac{2}{7}$

086　次の分数を通分して、大きさを比べましょう。

(1)　$\dfrac{2}{3}$ 、 $\dfrac{3}{5}$

分母の最小公倍数にするんだ

$$\overset{\times 5}{\underset{\times 5}{\dfrac{2}{3} = \dfrac{10}{15}}} \qquad \overset{\times 3}{\underset{\times 3}{\dfrac{3}{5} = \dfrac{9}{15}}}$$

答え： $\dfrac{2}{3} > \dfrac{3}{5}$

(2)　$\dfrac{1}{6}$ 、 $\dfrac{2}{7}$

$$\overset{\times 7}{\underset{\times 7}{\dfrac{1}{6} = \dfrac{7}{42}}} \qquad \overset{\times 6}{\underset{\times 6}{\dfrac{2}{7} = \dfrac{12}{42}}}$$

答え： $\dfrac{1}{6} < \dfrac{2}{7}$

(3)　$\dfrac{2}{3}$ 、 $\dfrac{3}{4}$ 、 $\dfrac{3}{5}$

$$\overset{\times 4 \times 5}{\underset{\times 4 \times 5}{\dfrac{2}{3} = \dfrac{40}{60}}} \qquad \overset{\times 3 \times 5}{\underset{\times 3 \times 5}{\dfrac{3}{4} = \dfrac{45}{60}}} \qquad \overset{\times 3 \times 4}{\underset{\times 3 \times 4}{\dfrac{3}{5} = \dfrac{36}{60}}}$$

向きがそろっていません

$$\dfrac{2}{3} < \overset{\times}{} \dfrac{3}{4} > \dfrac{3}{5}$$

大きい順か小さい順に並べ直そう

答え： $\dfrac{3}{5} < \dfrac{2}{3} < \dfrac{3}{4}$

（ $\dfrac{3}{4} > \dfrac{2}{3} > \dfrac{3}{5}$ も正解）

087 次の分数を通分して、大きさを比べましょう。

(1) $\dfrac{5}{6}$ 、 $\dfrac{7}{9}$

 「おたがいの分母をかけたよ」

 どちらでも大きさは比べられるけれど、最小公倍数で比べられるようになろう

$$\xrightarrow{\times 9}$$
$$\dfrac{5}{6} = \dfrac{45}{54} \quad \xrightarrow{\times 9}$$

$$\xrightarrow{\times 6}$$
$$\dfrac{7}{9} = \dfrac{42}{54} \quad \xrightarrow{\times 6}$$

 「九九の 6 の段と 9 の段の両方にある一番小さい数を探したよ」

$$\xrightarrow{\times 3}$$
$$\dfrac{5}{6} = \dfrac{15}{18} \quad \xrightarrow{\times 3}$$

$$\xrightarrow{\times 2}$$
$$\dfrac{7}{9} = \dfrac{14}{18} \quad \xrightarrow{\times 2}$$

答え： $\dfrac{5}{6} > \dfrac{7}{9}$

(2) $\dfrac{5}{8}$ 、 $\dfrac{7}{12}$

分母の最小公倍数は

12 の倍数	12、24
8 の倍数になっている	×、 ○

なので、24 です。

$$\xrightarrow{\times 3}$$
$$\dfrac{5}{8} = \dfrac{15}{24} \quad \xrightarrow{\times 3}$$

$$\xrightarrow{\times 2}$$
$$\dfrac{7}{12} = \dfrac{14}{24} \quad \xrightarrow{\times 2}$$

答え： $\dfrac{5}{8} > \dfrac{7}{12}$

CHAPTER 3 分数　79

小5-9 **通分**

やって
みよう

088 2つの分数の大きさを比べ、□ の中に、<、>の
うちあてはまるものを書きましょう。　□/2

(1) $\dfrac{1}{3}$ □ $\dfrac{2}{3}$　　　(2) $\dfrac{2}{3}$ □ $\dfrac{2}{5}$

089 次の分数を通分して2つの分数の大きさを比べ、
□ の中に、<、>のうちあてはまるものや数を書
きましょう。　□/2

(1) $\dfrac{3}{5}$ 、$\dfrac{2}{3}$

考え方

九九の5の段と3の段の両方にある最も小さい数は □ なので

$\dfrac{3}{5} = \dfrac{□}{□}$ 、$\dfrac{2}{3} = \dfrac{□}{□}$ となり、$\dfrac{3}{5}$ □ $\dfrac{2}{3}$ とわかります。

答え $\dfrac{3}{5}$ □ $\dfrac{2}{3}$

(2) $\dfrac{2}{7}$ 、$\dfrac{4}{9}$

考え方

九九の9の段と7の段の両方にある最も小さい数は □ なので

$\dfrac{2}{7} = \dfrac{□}{□}$ 、$\dfrac{4}{9} = \dfrac{□}{□}$ となり、$\dfrac{2}{7}$ □ $\dfrac{4}{9}$ とわかります。

答え $\dfrac{2}{7}$ □ $\dfrac{4}{9}$

やって
みよう

090
次の分数を通分して 2 つの分数の大きさを比べ、
□ の中に、＜、＞のうちあてはまるものを
書きましょう。

□/3

(1) $\dfrac{5}{6}$ 、 $\dfrac{11}{12}$

答え $\dfrac{5}{6}$ □ $\dfrac{11}{12}$

(2) $\dfrac{3}{4}$ 、 $\dfrac{7}{10}$

答え $\dfrac{3}{4}$ □ $\dfrac{7}{10}$

(3) $\dfrac{3}{8}$ 、 $\dfrac{7}{20}$

答え $\dfrac{3}{8}$ □ $\dfrac{7}{20}$

091 次の分数を通分して3つの分数の大きさを比べ、小さい順に並べ直しましょう。　/3

(1) $\dfrac{1}{4}$ 、 $\dfrac{1}{5}$ 、 $\dfrac{3}{10}$

答え _____

(2) $\dfrac{1}{3}$ 、 $\dfrac{1}{6}$ 、 $\dfrac{2}{9}$

答え _____

(3) $\dfrac{5}{6}$ 、 $\dfrac{7}{10}$ 、 $\dfrac{11}{12}$

答え _____

書いて
みよう

092

図のように、ピコエさんの家の近くに、ア〜ウの
スーパーマーケットがあります。一番近いスーパー
マーケットはどれですか。また一番遠いスーパー
マーケットはどれですか。ア〜ウで答えましょう。

／1

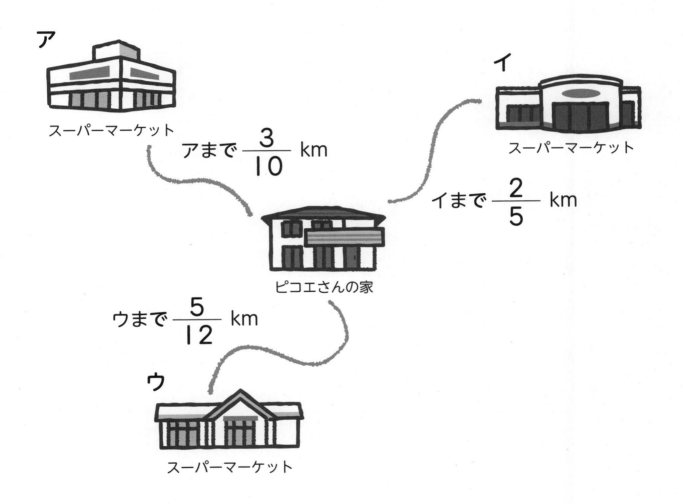

ア

スーパーマーケット

アまで $\dfrac{3}{10}$ km

イ

スーパーマーケット

イまで $\dfrac{2}{5}$ km

ピコエさんの家

ウまで $\dfrac{5}{12}$ km

ウ

スーパーマーケット

答え　一番近いスーパー　　　　　　一番遠いスーパー
　　　マーケット　　　　　　　　　マーケット

つまずきをなくす
説明

093 長さが $\dfrac{1}{3}$ m の紙テープと長さが $\dfrac{1}{2}$ m の紙テープを図のように つなぎ合わせます。紙テープの長さは何 m になりましたか。

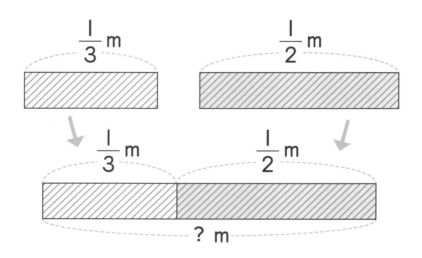

考え方

それぞれの紙テープをより細かく区切って考えます。

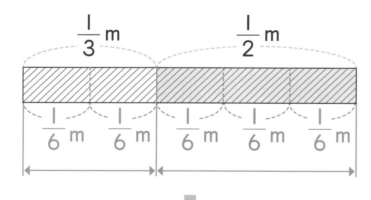

分母が同じ分数はたし算ができるから、通分をすればいいんだね

$$\dfrac{1}{3} = \dfrac{2}{6} \ 、 \ \dfrac{1}{2} = \dfrac{3}{6} \ \text{なので}$$

$$\dfrac{1}{3} + \dfrac{1}{2} = \dfrac{2}{6} + \dfrac{3}{6}$$

$$= \dfrac{5}{6}$$

答え： $\dfrac{5}{6}$ m

分母のちがう分数のたし算やひき算は、通分してから計算します。

---

094 図のように、水が（あ）の容器には $\dfrac{4}{5}$ L、（い）の容器には $\dfrac{1}{2}$ L 入っています。入っている水の量はどちらの容器が何 L 多いですか。

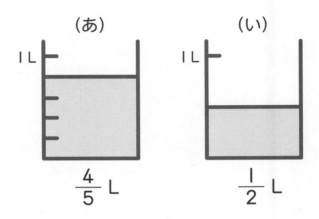

考え方

たし算と同じように、ひき算も通分してから計算します。

$$\dfrac{4}{5} - \dfrac{1}{2} = \dfrac{8}{10} - \dfrac{5}{10}$$
$$= \dfrac{3}{10}$$

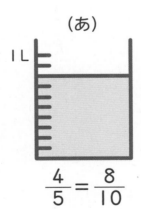

答え： （あ）の方が $\dfrac{3}{10}$ L 多い

小5-10 分数のたし算・ひき算①

095 次の計算をしましょう。

(1) $\dfrac{3}{5}+\dfrac{1}{6}=\dfrac{\square}{30}+\dfrac{\square}{30}$

$\qquad\;\; =\dfrac{\square}{30}$

(2) $\dfrac{1}{6}+\dfrac{5}{8}=\dfrac{\square}{24}+\dfrac{\square}{24}$

$\qquad\;\; =\dfrac{\square}{24}$

(3) $\dfrac{3}{4}-\dfrac{1}{3}=\dfrac{\square}{12}-\dfrac{\square}{12}$

$\qquad\;\; =\dfrac{\square}{12}$

(4) $\dfrac{5}{6}-\dfrac{5}{9}=\dfrac{\square}{18}-\dfrac{\square}{18}$

$\qquad\;\; =\dfrac{\square}{18}$

(5) $\dfrac{1}{3}+\dfrac{1}{6}=\dfrac{\square}{6}+\dfrac{\square}{6}$

$\qquad\;\; =\dfrac{\square}{6}$

$\qquad\;\; =\dfrac{\square}{2}$

(6) $\dfrac{5}{6}-\dfrac{3}{10}=\dfrac{\square}{30}-\dfrac{\square}{30}$

$\qquad\;\; =\dfrac{\square}{30}$

$\qquad\;\; =\dfrac{\square}{15}$

答えが約分できるときは、
約分しておこう

096 次の計算をしましょう。

(1) $\dfrac{3}{5} + \dfrac{5}{8} = \dfrac{\square}{40} + \dfrac{\square}{40}$

$= \dfrac{\square}{40}$

$= \square \dfrac{\square}{40}$

(2) $\dfrac{7}{9} + \dfrac{11}{12} = \dfrac{\square}{36} + \dfrac{\square}{36}$

$= \dfrac{\square}{36}$

$= \square \dfrac{\square}{36}$

答えが1より大きいとき
は帯分数に直しておこう

説明 学校で仮分数のまま答えを書くように習っていれば、
帯分数に直さなくてもかまいません。

097 次の計算をしましょう。

$\dfrac{5}{6} + \dfrac{11}{12} = \dfrac{\square}{12} + \dfrac{\square}{12}$

$= \dfrac{\square}{12}$

$= \square \dfrac{\square}{12}$

$= \square \dfrac{\square}{4}$

答えが1より大きいとき
は帯分数に直し、さらに
約分ができるときは、
約分をしておこう

小5-10 分数のたし算・ひき算①

098 次の計算をしましょう。　／6

(1) $\dfrac{3}{5} + \dfrac{1}{10}$　　　(2) $\dfrac{5}{12} + \dfrac{7}{18}$

(3) $\dfrac{3}{8} + \dfrac{5}{12}$　　　(4) $\dfrac{3}{4} + \dfrac{1}{5}$

(5) $\dfrac{3}{7} + \dfrac{1}{4}$　　　(6) $\dfrac{3}{32} + \dfrac{5}{8}$

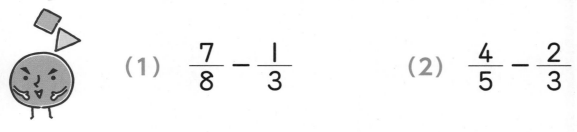

099 次の計算をしましょう。 ／6

(1) $\dfrac{7}{8} - \dfrac{1}{3}$

(2) $\dfrac{4}{5} - \dfrac{2}{3}$

(3) $\dfrac{5}{9} - \dfrac{1}{6}$

(4) $\dfrac{5}{7} - \dfrac{1}{6}$

(5) $\dfrac{7}{12} - \dfrac{3}{16}$

(6) $\dfrac{7}{10} - \dfrac{5}{16}$

確かめ
よう

100 次の計算をしましょう。

(1) $\dfrac{7}{18} + \dfrac{1}{6}$

(2) $\dfrac{1}{4} + \dfrac{19}{28}$

(3) $\dfrac{1}{6} + \dfrac{7}{12}$

(4) $\dfrac{9}{14} - \dfrac{1}{2}$

(5) $\dfrac{9}{10} - \dfrac{1}{2}$

(6) $\dfrac{11}{21} - \dfrac{5}{14}$

101 次の計算をしましょう。

(1) $\dfrac{7}{15} + \dfrac{11}{12}$　　　(2) $\dfrac{5}{7} + \dfrac{11}{14}$

102 ピキ君の持っているロープの長さは $\dfrac{5}{8}$ m、ニャンキ

チ君の持っているロープの長さは $\dfrac{5}{6}$ m です。 ╱2

(1) 2人の持っているロープの長さの合計は何 m ですか。

答え　　　　　　　　　　　m

(2) 2人の持っているロープの長さのちがいは何 m ですか。

答え　　　　　　　　　　　m

つまずきをなくす
説明

103 長さが $1\frac{1}{3}$ m の紙テープと長さが $2\frac{1}{2}$ m の紙テープを図のようにつなぎ合わせます。紙テープの長さは何 m になりましたか。

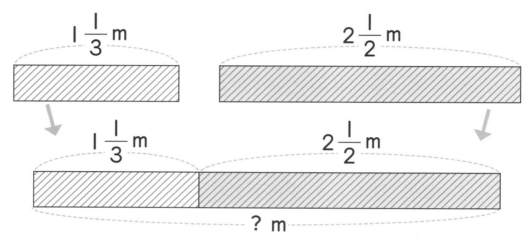

考え方

それぞれの紙テープを整数の部分と分数の部分に分けて考えます。

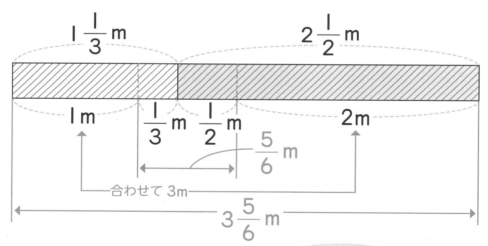

$$1\frac{1}{3} + 2\frac{1}{2} = 1\boxed{\frac{2}{6}} + 2\boxed{\frac{3}{6}}$$

和は $\frac{5}{6}$

和は 3

分数部分だけを通分するんだ

$$= 3\frac{5}{6}$$

答え： $3\frac{5}{6}$ m

ポイント

帯分数のたし算やひき算は、整数の部分と分数の部分に分けて計算します。

---

104 ピキ君はジュースを $3\frac{4}{5}$ L、ピコエさんはジュースを $1\frac{1}{2}$ L もらいました。ジュースの量はどちらが何 L 多いですか。

考え方

たし算と同じように、ひき算も、整数の部分と分数の部分に分けて計算します。

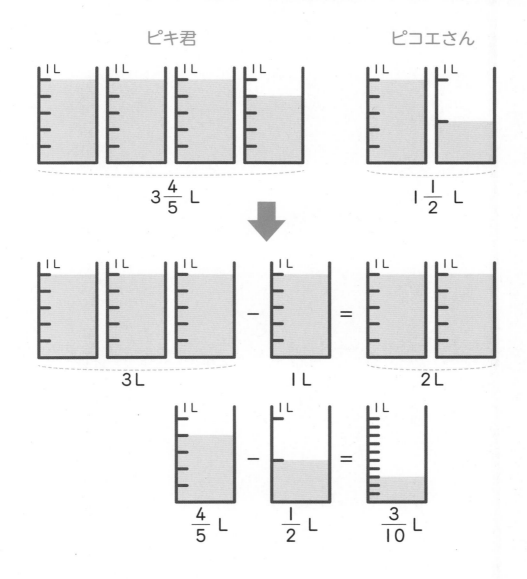

ピキ君　　　　　　　ピコエさん

$3\frac{4}{5}$ L　　　$1\frac{1}{2}$ L

3L　　　1L　　　2L

$\frac{4}{5}$ L　$\frac{1}{2}$ L　$\frac{3}{10}$ L

$$3\frac{4}{5} - 1\frac{1}{2} = 3\frac{8}{10} - 1\frac{5}{10}$$
$$= 2\frac{3}{10}$$

答え：ピキ君の方が $2\frac{3}{10}$ L 多い

105 次の計算をしましょう。

(1) $3\dfrac{2}{7}+1\dfrac{5}{14}=3\dfrac{\boxed{}}{14}+1\dfrac{\boxed{}}{14}$

$\phantom{3\dfrac{2}{7}}=\boxed{}\dfrac{\boxed{}}{14}$

(2) $1\dfrac{1}{2}+2\dfrac{1}{5}=1\dfrac{\boxed{}}{10}+2\dfrac{\boxed{}}{10}$

$\phantom{1\dfrac{1}{2}}=\boxed{}\dfrac{\boxed{}}{10}$

(3) $2\dfrac{1}{3}-1\dfrac{1}{9}=2\dfrac{\boxed{}}{9}-1\dfrac{\boxed{}}{9}$

$\phantom{2\dfrac{1}{3}}=\boxed{}\dfrac{\boxed{}}{9}$

(4) $3\dfrac{8}{15}-1\dfrac{3}{10}=3\dfrac{\boxed{}}{30}-1\dfrac{\boxed{}}{30}$

$\phantom{3\dfrac{8}{15}}=\boxed{}\dfrac{\boxed{}}{30}$

(5) $5\dfrac{1}{2}+3\dfrac{1}{6}=5\dfrac{\boxed{}}{6}+3\dfrac{\boxed{}}{6}$

$\phantom{5\dfrac{1}{2}}=\boxed{}\dfrac{\boxed{}}{6}$

$\phantom{5\dfrac{1}{2}}=\boxed{}\dfrac{\boxed{}}{3}$

(6) $6\dfrac{1}{4}-2\dfrac{5}{28}=6\dfrac{\boxed{}}{28}-2\dfrac{\boxed{}}{28}$

$\phantom{6\dfrac{1}{4}}=\boxed{}\dfrac{\boxed{}}{28}$

$\phantom{6\dfrac{1}{4}}=\boxed{}\dfrac{\boxed{}}{14}$

答えが約分できるときは、
約分しておこう

106 次の計算をしましょう。

（1） $1\dfrac{1}{2}+4\dfrac{3}{4}=1\dfrac{\boxed{}}{4}+4\dfrac{\boxed{}}{4}$

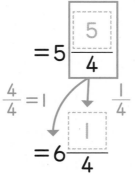

$=5\dfrac{\boxed{5}}{4}$

$\dfrac{4}{4}=1 \qquad \dfrac{1}{4}$

$\rightarrow \boxed{1}$

$=6\dfrac{1}{4}$

> 分数の部分をたして
> 仮分数（かぶんすう）になったら帯
> 分数に直しておこう

（2） $2\dfrac{7}{12}+6\dfrac{2}{3}=2\dfrac{7}{12}+6\dfrac{\boxed{}}{12}$

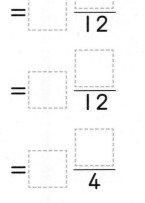

$=\boxed{}\dfrac{\boxed{}}{12}$

$=\boxed{}\dfrac{\boxed{}}{12}$

$=\boxed{}\dfrac{\boxed{}}{4}$

---

107 次の計算をしましょう。

（1） $4\dfrac{1}{6}-1\dfrac{1}{5}=4\dfrac{\boxed{}}{30}-1\dfrac{\boxed{}}{30}$

$4-1=3$

$=\boxed{3}\dfrac{\boxed{5}}{30}-\dfrac{\boxed{6}}{30}$

$3-\dfrac{6}{30}=2\dfrac{24}{30}$

赤字部分に
注意しましょう

$=\boxed{2}\dfrac{\boxed{24}}{30}+\dfrac{\boxed{5}}{30}$

$=\boxed{}\dfrac{\boxed{}}{30}$

> 仮分数（かぶんすう）の部分は
> 整数と真分数に
> 分けるんだ

（2） $7\dfrac{1}{3}-2\dfrac{5}{9}=7\dfrac{\boxed{}}{9}-2\dfrac{\boxed{}}{9}$

$=5\dfrac{\boxed{}}{9}-\dfrac{\boxed{}}{9}$

$=4\dfrac{\boxed{}}{9}+\dfrac{\boxed{}}{9}$

$=\boxed{}\dfrac{\boxed{}}{9}$

小5-11 分数のたし算・ひき算②

108 次の計算をしましょう。 ／6

(1) $2\dfrac{1}{3} + 1\dfrac{1}{2}$

(2) $1\dfrac{1}{4} + 2\dfrac{1}{9}$

(3) $3\dfrac{1}{5} + 2\dfrac{3}{8}$

(4) $2\dfrac{2}{3} - 1\dfrac{1}{2}$

(5) $1\dfrac{2}{5} - 1\dfrac{1}{6}$

(6) $6\dfrac{5}{6} - 5\dfrac{1}{4}$

109 次の計算をしましょう。

(1) $2\dfrac{1}{6} + 4\dfrac{1}{2}$

(2) $2\dfrac{2}{7} + 2\dfrac{7}{35}$

(3) $2\dfrac{1}{4} - 1\dfrac{1}{12}$

(4) $4\dfrac{1}{6} - 4\dfrac{5}{42}$

110 次の計算をしましょう。 ／4

(1) $1\dfrac{2}{3} + 2\dfrac{3}{4}$ (2) $2\dfrac{4}{5} + 1\dfrac{8}{15}$

(3) $4\dfrac{1}{8} - 1\dfrac{1}{6}$ (4) $5\dfrac{1}{3} - 3\dfrac{8}{15}$

111 次の計算をしましょう。 　　　　　　　　　　　　□／2

(1) $1\dfrac{1}{2} + 2\dfrac{1}{3} - 1\dfrac{1}{6}$

(2) $2\dfrac{5}{6} - 1\dfrac{11}{12} + 3\dfrac{1}{4}$

112 ピキ君の持っているロープの長さは $5\dfrac{3}{4}$ m、
ニャンキチ君の持っているロープの長さは
$3\dfrac{1}{3}$ m です。　　　　　　　　　　□／2

(1) 2人の持っているロープの長さの合計は何 m ですか。

答え ＿＿＿＿＿＿＿＿＿ m

(2) 2人の持っているロープの長さのちがいは何 m ですか。

答え ＿＿＿＿＿＿＿＿＿ m

---

113 6L のジュースを 3 人で分けます。1 人分は何 L になりますか。式を書いて、計算しましょう。

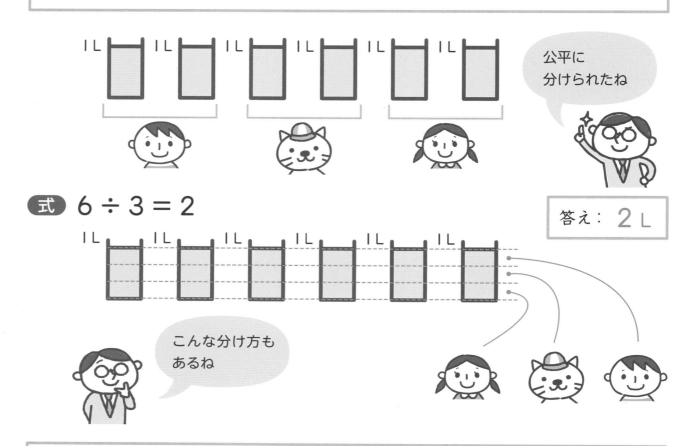

公平に分けられたね

式 6 ÷ 3 = 2

答え： 2 L

こんな分け方もあるね

---

114 2L のジュースを 3 人で分けます。1 人分は何 L になりますか。式を書いて、計算しましょう。

式 $2 ÷ 3 = \dfrac{2}{3}$

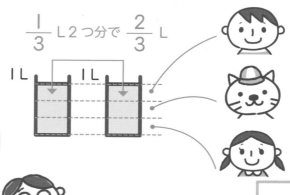

$\dfrac{1}{3}$ L 2 つ分で $\dfrac{2}{3}$ L

2 ÷ 3 = 0.666…だから、小数では表せないけど、1L を 3 等分したジュース2 つ分と考えれば $\dfrac{2}{3}$ L だ

答え： $\dfrac{2}{3}$ L

分子 ÷ 分母 と覚えましょう。

わり算と分数の関係

$1 \div 3$ ➡ 1を3等分すると $\dfrac{1}{3}$ ですから、 $1 \div 3 = \dfrac{1}{3}$ です。

$2 \div 3$ ➡ 1を3等分することを2回くり返します。

同じように考えると、

$$\boxed{} \div 3 = \dfrac{\boxed{}}{3}$$

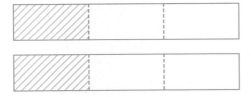 です。

わられる数 ÷ わる数 = $\dfrac{分子}{分母}$

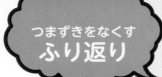

小5-12 **分数と小数・整数**

115 次のわり算の商を分数で表しましょう。

(1) $1 \div 7$

考え方 　1を7等分するので、$\dfrac{1}{7}$

答え：$\dfrac{1}{7}$

(2) $3 \div 7$

考え方 　1を7等分することを3回くり返すので、$\dfrac{3}{7}$

答え：$\dfrac{3}{7}$

(3) $10 \div 7$

考え方 　1を7等分することを10回くり返すので、$\dfrac{10}{7} = 1\dfrac{3}{7}$

※商を帯分数、仮分数のどちらで表すかは、学校で習った表し方にそろえましょう。

答え：$1\dfrac{3}{7}$ （または $\dfrac{10}{7}$）

(4) $1 \div 4$

考え方 　1を4等分するので、$\dfrac{1}{4}$

※商を分数で表すように問題文中に書かれていますから、小数(0.25)で表せる場合でも分数で答えます。

答え：$\dfrac{1}{4}$

116 $\dfrac{12}{25}$ を小数で表しましょう。

考え方　分数＝分子÷分母なので、

$$\frac{12}{25} = 12 \div 25 = 0.48$$

答え： 0.48

117 0.16 を分数で表しましょう。

考え方　0.16 は、0.1 と 0.06 が集まった数です。
0.06 は 0.01 が 6 つ集まった数です。

0.1 は、$\dfrac{1}{10}$ の位、0.01 は $\dfrac{1}{100}$ の位の数ですから

$$0.16 = \frac{1}{10} + \frac{6}{100} = \frac{16}{100} = \frac{4}{25} \text{ です。}$$

0.16 は $\dfrac{1}{100}$ の位までの数だから
$\dfrac{16}{100} = \dfrac{4}{25}$ とすると、もっと
簡単だね

答え： $\dfrac{4}{25}$

118 5 を分母が 1 の分数で表しましょう。

$$5 \div 1 = 5 \text{ だから、} 5 \div 1 = \frac{5}{1} \text{ です。}$$

答え： $\dfrac{5}{1}$

※整数には、$5 = \dfrac{5}{1} = \dfrac{10}{2} = \dfrac{15}{3} \cdots$ のように無数の表し方があります。

小5-12 **分数と小数・整数**

やって
みよう

| 119 | 次の分数を小数で表しましょう。(1) (2) は □ にあてはまる数も書きましょう。 | ／8 |

(1) $\dfrac{1}{2}$ = □ ÷ □　　　　(2) $\dfrac{1}{4}$ = □ ÷ □

　　　　=　　　　　　　　　　　　=

(3) $\dfrac{1}{5}$　　　　　　　　　(4) $\dfrac{1}{10}$

(5) $\dfrac{3}{4}$　　　　　　　　　(6) $\dfrac{4}{5}$

(7) $\dfrac{8}{25}$　　　　　　　　(8) $\dfrac{1}{100}$

120 次の分数を、四捨五入して $\dfrac{1}{100}$ の位までの小数で表しましょう。　／2

(1) $\dfrac{1}{3}$

(2) $\dfrac{2}{7}$

121 次の小数を分数で表しましょう。(1)(2)は □ にあてはまる数も書きましょう。　／4

(1) $0.3 = \dfrac{3}{\square}$

(2) $0.12 = \dfrac{12}{\square} = \dfrac{3}{\square}$

(3) 0.009

(4) 0.025

122 次の整数や小数を分数で表しましょう。(1)〜(3) は □ にあてはまる数も書きましょう。 $\boxed{/4}$

(1) $5 = \dfrac{\boxed{}}{1}$

(2) $13 = \dfrac{13}{\boxed{}}$

(3) $1.9 = 1 + 0.9$

$= 1 + \dfrac{9}{10}$

$= \boxed{}\dfrac{9}{10}$

(4) 2.7

123 次の分数を小数で表します。商がわり切れる小数で表せる分数は（　）に○を、わり切れない分数は（　）に×を書きましょう。 $\boxed{/8}$

(1) （　）$\dfrac{1}{2}$

(2) （　）$\dfrac{1}{3}$

(3) （　）$\dfrac{1}{4}$

(4) （　）$\dfrac{1}{5}$

(5) （　）$\dfrac{1}{6}$

(6) （　）$\dfrac{1}{7}$

(7) （　）$\dfrac{1}{8}$

(8) （　）$\dfrac{1}{9}$

124 次の数を例にならって、下の数直線に
書きこみましょう。

/4

例 0.5

(1)　0.2

(2)　$\dfrac{9}{10}$

(3)　1.1

(4)　$\dfrac{3}{2}$

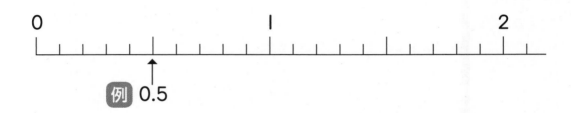

例 0.5

125 3kg の小麦粉を 8 つの入れ物に分けます。どの入れ
物にも同じ重さの小麦粉を入れるとき、1 つの入れ
物に何 kg の小麦粉が入ることになりますか。分数
と小数の 2 通りの表し方で答えましょう。

/1

答え：分数　　　　　　、小数

ピキ君、ニャンキチ君、ピコエさんの3人が、
次の問題を解きました。

問 題　$\dfrac{2}{3}$、$\dfrac{3}{5}$、$\dfrac{5}{7}$ を大きい順に並べましょう。

3人とも同じ答えですが、考え方はみんなちがいます。
まちがった考え方はありますか。それとも、みんな正しいですか。

ピキ君

分母をそろえて
比べるんだ

7 の倍数	7	14	21	28	35		
5 の倍数	×	×	×	×	○		
35 の倍数					35	70	105
3 の倍数					×	×	○

上の表のように、7と5の最小公倍数が35とわかるので、
35 × 1 = 35、35 × 2 = 70、…について、
3の倍数（3でわり切れる数）を探すと、105が見つかります。

$\dfrac{2}{3} = \dfrac{70}{105}$、$\dfrac{3}{5} = \dfrac{63}{105}$、$\dfrac{5}{7} = \dfrac{75}{105}$ を、
分子が大きい順に並べます。

答え　$\dfrac{5}{7}$、$\dfrac{2}{3}$、$\dfrac{3}{5}$

ニャンキチ君

分子をそろえるニャン

5 の倍数	5	10	15	
3 の倍数	×	×	○	
15 の倍数			15	30
2 の倍数			×	○

上の表のように、5と3の最小公倍数が15とわかるので、
15 × 1 = 15、15 × 2 = 30、…について、
2の倍数（2でわり切れる数）を探すと、30が見つかります。

$\dfrac{2}{3} = \dfrac{30}{45}$、$\dfrac{3}{5} = \dfrac{30}{50}$、$\dfrac{5}{7} = \dfrac{30}{42}$ を、
分母が小さい順に並べます。

答え　$\dfrac{5}{7}$、$\dfrac{2}{3}$、$\dfrac{3}{5}$

ピコエさん

分数を小数に直してみるといいよ

$2 \div 3 = 0.66\cdots$、$3 \div 5 = 0.6$、
$5 \div 7 = 0.71\cdots$　を、
大きい順に並べます。

答え　$\dfrac{5}{7}$、$\dfrac{2}{3}$、$\dfrac{3}{5}$

CHAPTER

わりあい
割合

もとにする量・比べる量・割合

100円	の	5倍	は	500円 です
↓		↓		↓
100円	×	5倍	=	500円
↓		↓		↓
もとにする量	×	割合	=	比べる量

100円を5倍するから、100円が「もとにする量」なんだ

---

126 次の文について（　）の中に、「もとにする量」には「も」、「割合」には「わ」、「比べる量」には「く」を、例にならって書きましょう。

例　1000円の 2倍は 2000円です。
　　（も）　（わ）　　（く）

（1）　2m　の　5倍　は　10m　です。
　　（　）　　（　）　　（　）

（2）　10kg　の　0.8倍　は　8kg　です。
　　（　）　　　（　）　　　（　）

割合は、小数や分数の場合もあるんだ

もとにする量×割合＝比べる量、比べる量÷割合＝もとにする量、
比べる量÷もとにする量＝割合

---

127 次の文についてかけ算の式を、例にならって書きましょう。

例 1000円の2倍は2000円です。

➡ 1000 × 2 ＝ 2000

(1) 6mの2倍は12mです。

➡ □ × □ ＝ □

(2) 20kgの0.8倍は16kgです。

➡ □ × □ ＝ □

---

128 次の問題に答えましょう。

(1) 150円は50円の何倍ですか。

考え方 150 ÷ 50 ＝ 3

答え： 3倍

(2) 50円は150円の何倍ですか。

考え方 50 ÷ 150 ＝ $\frac{1}{3}$

答え： $\frac{1}{3}$ 倍

※分数の場合、「倍」をつけない答え方もあります。学校で習った答え方に合わせてください。

小5-13 **割合**

129 次の問題に答えましょう。

(1) 16kg は 8kg の何倍ですか。

考え方 「20m の 3 倍」の「20m」、「8kg の何倍」の「8kg」のように、もとにする量は割合の直前にあります。

$16 \div 8 = 2$

答え： 2 倍

(2) 8kg は 16kg の何倍ですか。

$8 \div 16 = 0.5$

答え： 0.5 倍（または $\dfrac{1}{2}$ 倍）

※小数でも分数でも割合を表せるときは、問題に指示がない限り、どちらで答えてもかまいません。

(3) 16kg の何倍が 8kg ですか。

文の形が変わっても、割合の直前にある量がもとにする量だよ

$8 \div 16 = 0.5$

答え： 0.5 倍（または $\dfrac{1}{2}$ 倍）

(4) 16kg を 1 とするとき、8kg にあたる割合を小数で表しましょう。

「○○を1とする」は○○がもとにする量という意味なんだ

$8 \div 16 = 0.5$

答え： 0.5

※「割合を小数で表しましょう」という問題の場合、答えに「倍」をつけないようにします。

130 長さが 7m の赤色のリボンがあります。黄色のリボンはこの赤色のリボンの 0.4 倍の長さです。黄色のリボンの長さは何 m ですか。

考え方

①割合が見つかる

黄色のリボン　は　この赤色のリボン　の　0.4 倍　の　長さです。

割合

②割合の直前にある、もとにする量が見つかる

黄色のリボン　は　この赤色のリボン　の　0.4 倍　の　長さです。

もとにする量　　　直前　　割合

③最後に、比べる量が見つかる

黄色のリボン　は　この赤色のリボン　の　0.4 倍　の　長さです。

比べる量　　もとにする量　　割合

もとにする量×割合＝比べる量　なので、

$$7 \times 0.4 = 2.8$$

答え： 2.8 m

131 次の文について、比べる量は何ですか。

「あるバスの定員は 40 人です。今、このバスに定員の 0.8 倍の人が乗っています。バスに何人が乗っていますか。」

考え方

①割合は「0.8 倍」
②割合の直前にある「定員」がもとにする量
③残った「バスに乗っている人」が比べる量

答え： バスに乗っている人

※「乗客」など、同じ意味の答えは正解です。

小5-13 割合

| 132 | ミカンが50個あります。50個を1として、次のミカンの個数の割合を小数で答えましょう。 | /2 |

(1)　10個

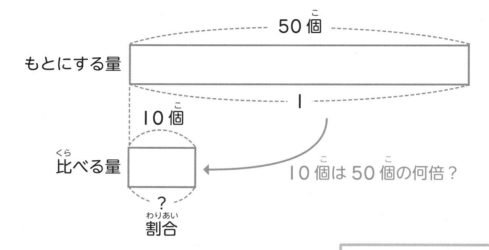

答え：

(2)　15個

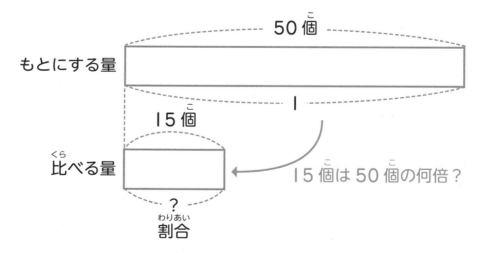

答え：

やって
みよう

133 リンゴが 60 個あります。60 個を 1 として、次の割合にあたるリンゴの個数（比べる量）を答えましょう。

／2

(1) 0.1

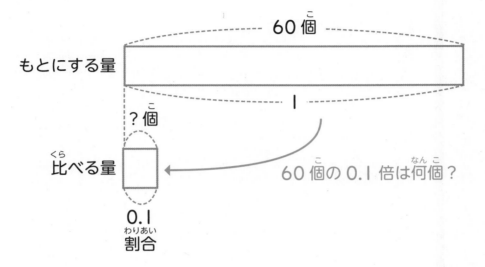

60個の 0.1 倍は何個？

答え：　　　　　個

(2) 0.85

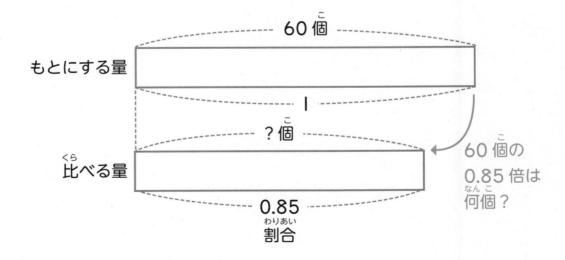

60個の 0.85 倍は何個？

答え：　　　　　個

確かめ
よう

134 モモが 20 個あります。20 個を次の割合にあたる量としたとき、1 にあたるモモの個数（もとにする量）を答えましょう。

/2

(1) 0.1

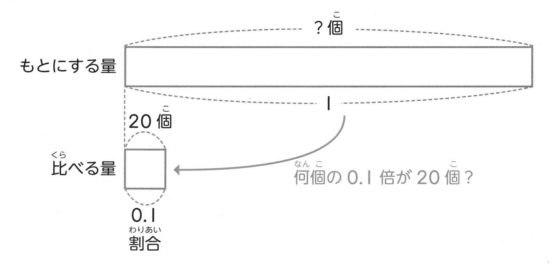

何個の 0.1 倍が 20 個？

答え：　　　　　個

(2) 0.5

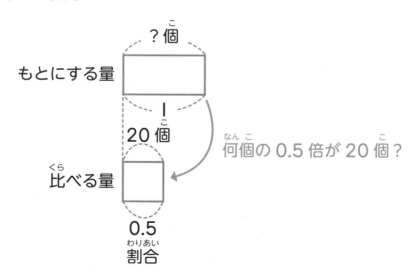

何個の 0.5 倍が 20 個？

答え：　　　　　個

135 ある図書館には図かんが100冊あります。その図かんのうち13冊が理科の図かんです。理科の図かんは、図かん全体の何倍ですか。 ／

答え　　　　　　倍

136 ピキ君が持っているおはじきの個数は35個です。ピコエさんは、ピキ君の1.2倍の個数のおはじきを持っています。ピコエさんは何個のおはじきを持っていますか。 ／

答え　　　　　　個

137 公園に大人が16人います。これは公園にいる子どもの0.4倍にあたります。公園にいる子どもは何人ですか。 ／

答え　　　　　　人

138 かごの中にボールが80個入っています。全体を1とすると、新品のボールは0.6にあたります。かごの中に入っている新品のボールは何個ですか。 ／

答え　　　　　　個

もとにする量を 100 とみたときの割合の表し方を百分率といいます。割合を百分率で表すときは ％ という単位を使います。

割合の表し方

百分率	100%	10%	1%
小数	1	0.1	0.01
分数	1	$\frac{1}{10}$	$\frac{1}{100}$

---

139 例のように、[   ] にあてはまる数を書きましょう。分数で表すときは、それ以上約分できない分数を書きましょう。

例 10% = [0.1] （小数）

(1) 20% = [   ] （小数）

(2) 30% = $\frac{30}{100}$ = [   ] （分数）

(3) 0.4 = [   ] % （百分率）

(4) $\frac{1}{2}$ = $\frac{50}{100}$ = [   ] % （百分率）

分数は、分母を
100 にすると百分率に
直しやすいね

(5) 2% = [   ] （小数）

ポイント

$1 = 100\%$、$0.1 = \dfrac{10}{100} = 10\%$、$0.01 = \dfrac{1}{100} = 1\%$

---

140 次の文について、かけ算の式を例にならって書きましょう。

例 **1000** 円の **50%** は **500** 円です。

➡ $1000 \times 0.5 = 500$

計算をするときは、百分率を小数にするよ

(1) **45**m の **10%** は **4.5**m です。

➡ □ × □ = □

(2) **20**kg の **25%** は **5**kg です。

➡ □ × □ = □

---

141 次の文について、割合を例にならって百分率で答えましょう。

例 **10** 円は **100** 円の何%ですか。

考え方 $10 \div 100 = 0.1$

答え： **10** %

(1) 30m は 50m の何 % ですか。

考え方 □ ÷ □ = □

答え： **60** %

(2) 72kg は 90kg の何 % ですか。

考え方 □ ÷ □ = □

答え： **80** %

142 次の問題に答えましょう。

（1） 次の表のア〜オにあてはまる数を書きましょう。

<ruby>百分率<rt>ひゃくぶんりつ</rt></ruby>	ア %	10%	1%
小数	1	イ	ウ
分数	1	エ ＿＿	オ ＿＿

（2） 例にならって、□ にあてはまる数を書きましょう。分数で表すときは、それ以上約分できない分数を書きましょう。

例 $9\% = \boxed{0.09} = \boxed{\dfrac{9}{100}}$

❶ $17\% = \boxed{} = \boxed{\dfrac{}{}}$

❷ $40\% = \boxed{} = \dfrac{}{}$

❸ $\boxed{}\% = 0.31 = \dfrac{}{}$

❹ $\boxed{}\% = \boxed{} = \dfrac{53}{100}$

❺ $\boxed{}\% = \boxed{} = \dfrac{9}{20}$

❺は $\dfrac{9}{20} = \dfrac{45}{100}$ です

143 次の問題に答えましょう。

(1) 100円の5%は何円ですか。

> 考え方　100円がもとにする量、5%が割合、
> 求める答えが比べる量です。

$$100 × 0.05 = 5$$

もとにする量×割合
＝比べる量だよ

答え： 5 円

※百分率を小数、分数のどちらに直して計算してもかまいません。

(2) 35mは何mの70%ですか。

> 考え方　35mが比べる量、70%が割合、求
> める答えがもとにする量です。

$$35 ÷ 0.7 = 50$$

比べる量÷割合
＝もとにする量だよ

答え： 50 m

(3) 12kgは30kgの何%ですか。

> 考え方　12kgが比べる量、30kgがもとにする量、
> 求める答えが割合です。

$$12 ÷ 30 = 0.4$$

比べる量÷もとにする量＝
割合だよ

答え： 40 %

※商を分数で求めてから、百分率に直してもかまいません。

小5-14 百分率 (ひゃくぶんりつ)

やってみよう

□ にあてはまる数を書きましょう。分数で表すときは、それ以上約分できない分数を書きましょう。

144

☐ /12

(1) 1% = □ （小数）

(2) 1% = □/□ （分数）

(3) 10% = □ （小数）

(4) 10% = □/□ （分数）

(5) 1 = □ %（百分率）

(6) 0.1 = □ %（百分率）

(7) 0.01 = □ %（百分率）

(8) $\dfrac{1}{100}$ = □ %（百分率）

(9) $\dfrac{10}{100}$ = □ %（百分率）

(10) 15% = □ （小数）

(11) 73% = □/□ （分数）

(12) 0.05 = □ %（百分率）

わからないときは、「つまずきをなくす説明」
(P.118)にもどろう

145 やって みよう □ にあてはまる数を書いて割合を求め、百分率で答えましょう。 ／3

(1) 50 円は 100 円の何%ですか。

考え方 □ ÷ □ ＝ □

答え：　　　　％

(2) 16m は 40m の何%ですか。

考え方 □ ÷ □ ＝ □

答え：　　　　％

(3) 1kg は 20kg の何%ですか。

考え方 □ ÷ □ ＝ □

答え：　　　　％

146 ピキ君の体重は 35kg です。ニャンキチ君の体重はピキ君の体重の 10%です。ニャンキチ君の体重は何 kg ですか。 ／1

考え方 □ × □ ＝ □

比べる量を求めるんだニャン

ニャンキチ君

答え：　　　kg

147 □ にあてはまる数を書きましょう。分数で表すときは、それ以上約分できない分数を書きましょう。

　　/4

(1) 99% = □ （小数）

(2) 7% = ―――（分数）

(3) 6% = □ （小数）

(4) 25% = ――（分数）

148 ピコエさんの身長は 140cm です。ピキ君の身長はピコエさんの身長の 95% です。ピキ君の身長は何 cm ですか。

　　/1

式

答え　　　　　　　　cm

式がわからないときは、143 (P.121)
にもどろう

149

ピキ君の貯金箱には 560 円、ピコエさんの貯金箱には 700 円のお金が入っています。ピキ君の貯金箱に入っているお金は、ピコエさんの貯金箱に入っているお金の何%ですか。

￼／1

式

答え　　　　　　　　　%

150

ピキ君とニャンキチ君が立ちはばとびをしました。ピキ君の記録は 153cm で、ニャンキチ君の記録の 90%でした。ニャンキチ君の記録は何 cm ですか。

￼／1

式

答え　　　　　　　　　cm

下のように、一方の量が2倍、3倍、…となると、もう一方の量も2倍、3倍、…となる関係のことを比例といいます。

2つの量が比例している例

1分間に20Lの水を水そうに入れるときの時間と水の体積の関係

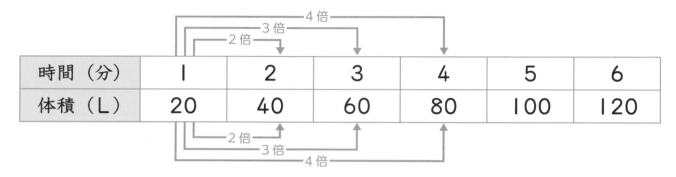

時間（分）	1	2	3	4	5	6
体積（L）	20	40	60	80	100	120

「水を入れる時間と水の体積は比例している」というよ

151 縦の長さが5cmの長方形の横の長さと面積について、次の□にあてはまる数を書きましょう。

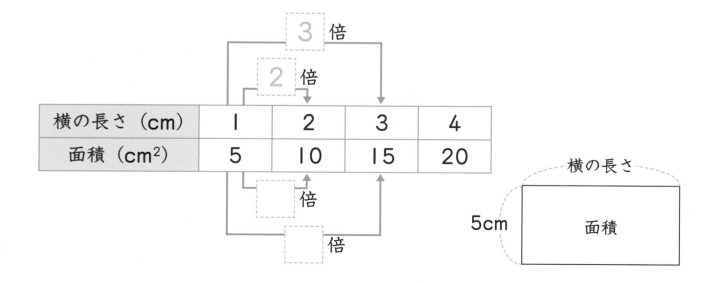

横の長さ（cm）	1	2	3	4
面積（cm²）	5	10	15	20

5cm　横の長さ　面積

ある針金の長さと重さは比例しています。この針金の長さと
重さを表にしました。考え方の [   ] にあてはまる数を書いて、
表のア〜ウにあてはまる数も答えましょう。

152

長さ（cm）	10	20	30	イ	50
重さ（g）	20	40	ア	80	ウ

考え方

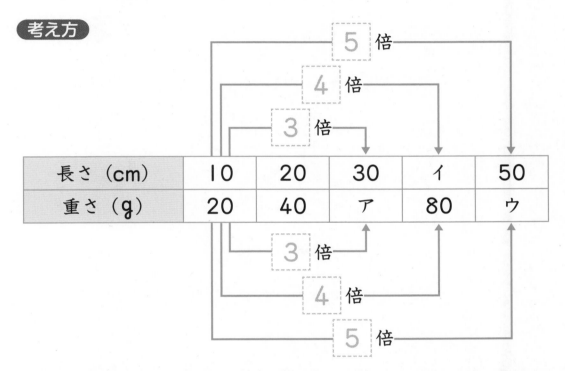

ア 30cm は 10cm の 3 倍ですから、重さも 10cm のときの 3 倍になります。

   $20 \times 3 = 60$

イ 80g は 20g の 4 倍ですから、長さも 10cm のときの 4 倍になります。

   $10 \times 4 = 40$

ウ 50cm は 10cm の 5 倍ですから、重さも 10cm のときの 5 倍になります。

   $20 \times 5 = 100$

答え：ア 60 、イ 40 、ウ 100

153 次の関係を表した表の ⬚ にあてはまる数を書きましょう。

（1） 1mL の重さが 1g の牛乳の体積と重さの関係

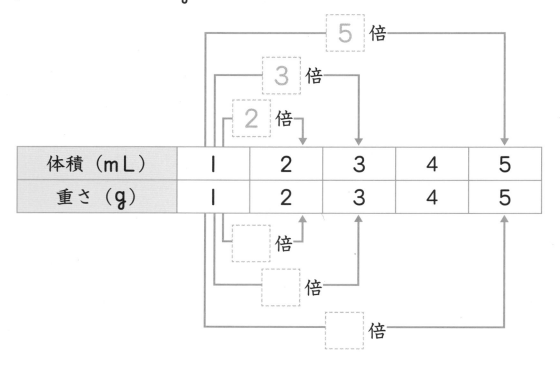

体積（mL）	1	2	3	4	5
重さ（g）	1	2	3	4	5

（2） 1g の面積が 25cm² のボール紙の重さと面積の関係

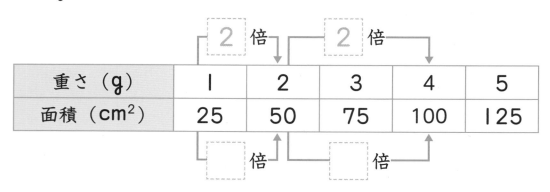

重さ（g）	1	2	3	4	5
面積（cm²）	25	50	75	100	125

4g は 2g の 2 倍、100cm² は 50cm² の 2 倍
だから、（2）も比例の関係になっているね

128

> | 154 | あるジュースの体積と重さは比例しています。このジュースの体積と重さを表にしました。考え方の ⬚ にあてはまる数を書いて、表のア〜ウにあてはまる数も答えましょう。 |

体積（cm³）	100	200	300	イ	500
重さ（g）	120	240	ア	480	ウ

考え方

ア　300cm³ は 100cm³ の ⬚ 倍ですから、重さも 100cm³ のときの ⬚ 倍になります。

$$120 \times \boxed{} = \boxed{}$$

イ　480g は 120g の ⬚ 倍ですから、体積も 120g のときの ⬚ 倍になります。

$$100 \times \boxed{} = \boxed{}$$

ウ　500cm³ は 100cm³ の ⬚ 倍ですから、重さも 100cm³ のときの ⬚ 倍になります。

$$120 \times \boxed{} = \boxed{}$$

> 480g は 240g の 2 倍だから、体積も 240g のときの 2 倍になると、考えることもできるよ

答え：ア　　　、イ　　　、ウ

小5-15 比例（ひれい）

| 155 | ある鉄の棒（ぼう）の長さと重さは比例（ひれい）しています。この鉄の棒（ぼう）の長さと重さを表にしました。次の問いに答えましょう。 | /5 |

長さ（m）	1	2	3	4	5
重さ（kg）	4	8	12	16	ア

(1) 2mは1mの何倍ですか。

答え：　　　　倍

(2) 8kgは4kgの何倍ですか。

答え：　　　　倍

(3) 鉄の棒（ぼう）の長さが2倍になると、重さは何倍になっていますか。

答え：　　　　倍

(4) 5mは1mの何倍ですか。

答え：　　　　倍

(5) アにあてはまる数を答えましょう。

答え：

156 水そうに１分間に５Ｌの割合^{わりあい}で水を入れます。この様子を表にしました。次の問いに答えましょう。

/6

時間（分間）	1	2	3	10	ウ
体積（L）	5	10	ア	イ	60

(1) ３分間は１分間の何倍ですか。

答え：　　　倍

(2) アにあてはまる数を答えましょう。

答え：

(3) 10分間は１分間の何倍ですか。

答え：　　　倍

(4) イにあてはまる数を答えましょう。

答え：

(5) 60Ｌは５Ｌの何倍ですか。

答え：　　　倍

(6) ウにあてはまる数を答えましょう。

答え：

157 ある車は、1L のガソリンで 20km 走ることができ
ます。この様子を表にしました。次の問いに答えま
しょう。　　　　　　　　　　　　　　　　　/3

ガソリン（L）	1	2	3	10	ウ
きょり（km）	20	40	ア	イ	300

（1） アにあてはまる数を答えましょう。

答え：

（2） イにあてはまる数を答えましょう。

答え：

（3） 考え方の □ にあてはまる数を書いて、ウにあてはまる数も
答えましょう。

考え方

□ ÷ 20 = □　　　300km は 20km の何倍の
　　　　　　　　　きょりかな？

1 × □ = □

答え：

158 縦の長さが 4cm の長方形の横の長さと面積を表
にしました。次の問いに答えましょう。　　／4

横の長さ（cm）	ア	2	5	10	ウ
面積（cm²）	4	イ	20	40	100

（1） 考え方の □ にあてはまる数を書いて、アにあてはまる数も
答えましょう。

考え方

□ ÷ 4 = □

答え ＿＿＿＿＿＿＿＿＿＿

（2） イにあてはまる数を答えましょう。

答え ＿＿＿＿＿＿＿＿＿＿

（3） ウにあてはまる数を答えましょう。

答え ＿＿＿＿＿＿＿＿＿＿

（4） 面積は横の長さの何倍になっていますか。

答え ＿＿＿＿＿＿ 倍

横の長さが 5cm のときの面積は
20cm²、横の長さが 10cm のときの
面積は 40cm² になっているね

つまずきをなくす
説明

1時間に進む道のりを時速、1分間に進む道のりを分速、1秒間に進む道のりを秒速といいます。

速さの例

1時間に 80km 進む電車の速さ ➡ 時速 80km

1分間に 20cm 進むおもちゃの自動車の速さ ➡ 分速 20cm

1秒間に 10cm 進むアリの速さ ➡ 秒速 10cm

---

159 1時間に 40km 進む自動車があります。次の問いに答えましょう。

（1）2時間で何 km 進みますか。

考え方 2時間は1時間の　2　倍なので、進む道のりも　2　倍になります。

式 $40 \times 2 = 80$

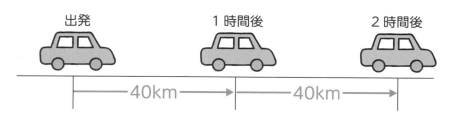

答え： 80 km

（2）3時間で何 km 進みますか。

考え方 3時間は1時間の　3　倍なので、進む道のりも　3　倍になります。

式 $40 \times 3 = 120$

答え： 120 km

| 160 | 1分間に2m 進むロボットがあります。次の問いに答えましょう。 |

(1) 4m 進むのに何分かかりますか。

考え方　4m は 2m の 2 倍なので、かかる時間も 2 倍になります。

式　　$4 \div 2 = 2$
　　　$1 \times 2 = 2$

$1 \times 2 = 2$ は省略できるね

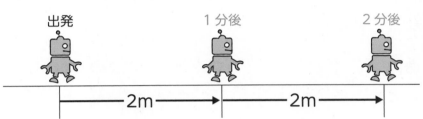

出発　　　　1分後　　　　2分後

←2m→　　←2m→

答え：　2 分

(2) 6m 進むのに何分かかりますか。

考え方　6m は 2m の 3 倍なので、かかる時間も 3 倍になります。

式　　$6 \div 2 = 3$

答え：　3 分

| 161 | 2 秒間に 10cm 進む虫がいます。次の問いに答えましょう。 |

(1) 1 秒間に何 cm 進みますか。

考え方　1 秒間は 2 秒間の 半分 なので、進む道のりも 半分 になります。

式　　$10 \div 2 = 5$

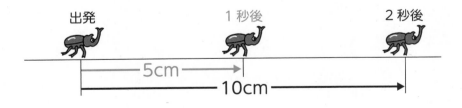

出発　　　　1 秒後　　　　2 秒後

←5cm→

←10cm→

答え：　5 cm

(2) 速さは秒速何 cm ですか。

答え：秒速 5 cm

小5-16 速さ

次の ☐ にあてはまる数や言葉を書いて、答えも求めましょう。

162 １時間に 100km 進む電車があります。次の問いに答えましょう。

（1） ２時間で何 km 進みますか。

【考え方】 ２時間は１時間の ☐ 倍なので、進む道のりも ☐ 倍になります。

速さ×時間で
道のりが求められるよ

【式】 100 × ☐ ＝ 200

答え： ☐ km

（2） 300km 進むのに何時間かかりますか。

【考え方】 300km は 100km の ☐ 倍なので、かかる時間も ☐ 倍になります。

道のり÷速さで
時間が求められるよ

【式】 300 ÷ ☐ ＝ 3

答え： ☐ 時間

（3） 速さは時速何 km ですか。

答え： 時速 ☐ km

▶大切なポイント
速さ × 時間 ＝ 道のり　　道のり ÷ 速さ ＝ 時間

163 5分間に 10m 進むおもちゃの自動車があります。この自動車の速さは分速何 cm ですか。

考え方

分速は1分間に進む道のりのことです。
5分間は1分間の 5 倍なので、5分間に進む道のり
は1分間に進む道のりの ⬚ 倍になっています。

道のり÷時間で
速さが求められるね

式 10 ÷ 5 = 2

▶**大切なポイント**
道のり ÷ 時間 ＝ 速さ

答え： 分速 ⬚ cm

164 次の式の ⬚ にあてはまる言葉を書きましょう。

(1) ⬚ × ⬚ ＝ 道のり

(2) ⬚ ÷ ⬚ ＝ 時間

(3) ⬚ ÷ ⬚ ＝ 速さ

「速さ」のテントウムシ

求めたいものをかくすと式がわかります。

道のり
÷   ÷
速さ × 時間

ボクの
こと…？

例：速さを求めるとき

速さをかくすと
「道のり ÷ 時間」
が残ります。

道のり
÷
× 時間

小5-16 **速さ**

次の ⬚ にあてはまる数や言葉を書いて、答えも求めましょう。

165 ピキ君は 1 分間に 60m 進みます。次の問いに答えましょう。 ／3

(1) ピキ君の速さは分速何 m ですか。

考え方

分速は ⬚ 分間に進む道のりのことです。

答え： 分速 ⬚ m

(2) ピキ君は 5 分で何 m 進みますか。

考え方

⬚ × ⬚ ＝ 道のり （言葉を書きます）

式 ⬚ × ⬚ ＝ ⬚

答え： ⬚ m

(3) ピキ君は 240m 進むのに何分かかりますか。

考え方

⬚ ÷ ⬚ ＝ 時間 （言葉を書きます）

式 ⬚ ÷ ⬚ ＝ ⬚

答え： ⬚ 分

166 1時間に 72km 進む電車があります。次の問いに答えましょう。

□/3

(1) 1分間に何 m 進みますか。

【考え方】

1時間は [　　] 分ですから、この電車は [　　] 分で 72km 進みます。

【式】 72km ＝ [　　　　] m … 電車が 60 分で進む道のり

[　　　　] ÷ [　　] ＝ [　　　]

答え： [　　　　] m

(2) 1秒間に何 m 進みますか。

【考え方】

1分は [　　] 秒ですから、この電車は [　　] 秒で 1200m 進みます。

【式】 [　　] ÷ [　　] ＝ [　　]

答え： [　　　　] m

(3) この電車の速さは分速何 m ですか。またそれは秒速何 m ですか。

答え： 分速 [　　　] m、秒速 [　　　] m

分速を秒速に直すポイント

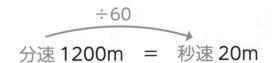

÷60

分速 1200m ＝ 秒速 20m

60秒間に
進む道のり

1秒間に
進む道のり

道のりの単位がどちらも同じ「m」に
なっていることに気をつけよう

次の [___] にあてはまる数や言葉を書いて、答えも求めましょう。

確かめ
よう

167 ピコエさんは 2 分間に 160m 進みます。次の問いに答えましょう。 /3

（1） ピコエさんの速さは分速何 m ですか。

考え方

[___] ÷ [___] ＝ 速さ （言葉を書きます）

式 [___] ÷ [___] ＝ [___]

答え： 分速 [   ] m

（2） ピコエさんは 60 分で何 m 進みますか。またそれは何 km ですか。

考え方

[___] × [___] ＝ 道のり （言葉を書きます）

式 [___] × [___] ＝ [___]

答え： [   ] m、 [   ] km

（3） ピコエさんの速さは時速何 km ですか。

考え方

60 分＝ 1 時間だね

時速は [___] 時間に進む道のりのことです。

答え： 時速 [   ] km

┌ **分速を時速に直すポイント** ─────────────────────

道のりの単位を「m」から「km」に直す場合は、
1km＝1000m だから、1000 でわるよ

　　　×60　　　　　÷1000

分速 80m ＝ 時速 4800m ＝ 時速 4.8km

1 分間に　　　60 分間に
進む道のり　　進む道のり

168 次の問いに答えましょう。

(1) 時速120km は分速何km ですか。

[考え方]

時速は [　] 時間に進む道のり、分速は [　] 分間に進む道のり
のことです。

[式]

答え　分速　　　　　km

(2) 分速180m は秒速何m ですか。

[考え方]

分速は [　] 分間に進む道のり、秒速は [　] 秒間に進む道のり
のことです。

[式]

答え　秒速　　　　　m

(3) 時速36km は秒速何m ですか。

[式]

36km=36000m です

答え　秒速　　　　　m

コラム

ピキ君、ニャンキチ君、ピコエさんの3人が、
次の問題を解きました。

問題

ドーリル果物店では、ミカン1ふくろ15個入りを500円で売っています。また、ルリード果物店ではミカン1ふくろ12個入りを410円で売っています。ミカン60個を買うとき、どちらの店で買う方が安くなりますか。

3人とも同じ答えですが、考え方はみんなちがいます。
まちがった考え方はありますか。それとも、みんな正しいですか。

ピキ君

1個あたりの値段で比べるといいんだよ

$500 \div 15 = 33.3 \cdots$ ➡ ドーリル果物店のミカンは1個が約33円

$410 \div 12 = 34.1 \cdots$ ➡ ルリード果物店のミカンは1個が約34円

答え　ドーリル果物店の方が安い

ニャンキチ君

1円あたりの個数で比べるニャン

$15 \div 500 = 0.03$ ➡ 1円でドーリル果物店のミカン0.03個が買える

$12 \div 410 = 0.02 \cdots$ ➡ 1円でルリード果物店のミカン0.02個が買える

答え　ドーリル果物店の方が安い

ピコエさん

60個の値段で比べてみたよ

$60 \div 15 = 4$（倍）　$500 \times 4 = 2000$（円）
➡ ドーリル果物店ではミカン60個が2000円

$60 \div 12 = 5$（倍）　$410 \times 5 = 2050$（円）
➡ ルリード果物店ではミカン60個が2050円

答え　ドーリル果物店の方が安い

CHAPTER

5

長さ・面積・体積
の単位

つまずきをなくす
説明

「1m」のおはなし

はじめ1mは地球を1周する長さの4000万分の1と決められていましたが、後におよそ3億分の1秒間に光が進む道のりが1mの長さとなりました。

長さの単位の関係

$$1km = 1000m$$
$$1m = 100cm$$
$$1cm = 10mm$$

169 次の長さは、km、m、cm、mm のどの単位で表されることが多いでしょうか。

(1) 東京から大阪までのきょり

答え： km

(2) 松の木の高さ

答え： m

(3) 百科事典の縦（たて）の長さ

答え： cm

(4) ノートの厚（あつ）さ

答え： mm

「k（キロ）」は1000倍、「c（センチ）」は $\frac{1}{100}$、
「m（ミリ）」は $\frac{1}{1000}$ という意味なんだ

$$1km^2 = 100ha$$
$$1ha = 100a$$
$$1a = 100m^2$$
$$1m^2 = 10000cm^2$$

「km²」は平方キロメートル、「ha」はヘクタール、
「a」はアール、「m²」は平方メートル、
「cm²」は平方センチメートルと読むよ

170 次の正方形の面積を（　　　）内の単位を使って答えましょう。

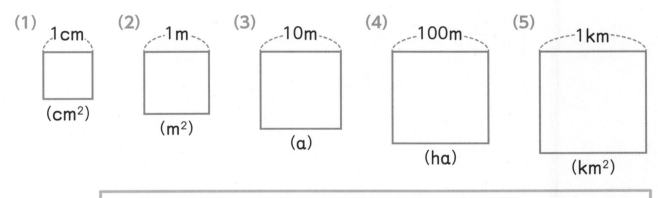

(1) 1cm (cm²)

(2) 1m (m²)

(3) 10m (a)

(4) 100m (ha)

(5) 1km (km²)

答え：　**(1)** 1cm²　**(2)** 1m²　**(3)** 1a　**(4)** 1ha　**(5)** 1km²

171 **170** （3）〜（5）の正方形の面積は何 m² ですか。

考え方

正方形の面積は、（ 1辺 の長さ）×（ 1辺 の長さ）で求められます。

(3) の正方形の面積を求める式　$10 \times 10 = 100$

答え：　100 m²

（4）の正方形の面積を求める式 $100 \times 100 = 10000$

答え： 10000 m²

（5）の正方形の面積を求める式 $1000 \times 1000 = 1000000$

答え： 1000000 m²

体積の単位の関係

$$1m^3 = 1kL$$
$$1kL = 1000L$$
$$1L = 10dL$$
$$1dL = 100mL$$
$$1mL = 1cm^3$$

「m³」は立方メートル、「kL」はキロリットル、
「dL」はデシリットル、「mL」はミリリットル、
「cm³」は立方センチメートルと読むよ

---

172 次の立方体の体積を（　　）内の単位を使って答えましょう。

(1)
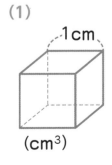
1cm
(cm³)

(2)
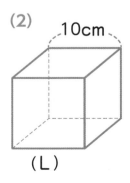
10cm
(L)

(3)
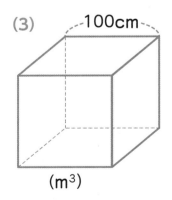
100cm
(m³)

答え：**(1)** 1 cm³　**(2)** 1 L　**(3)** 1 m³

173 **172**（2）、（3）の立方体の体積は何 cm^3 ですか。

考え方

立方体の体積は、（ 1辺 の長さ）× （ 1辺 の長さ）× （ 1辺 の長さ）で
求められます。

（2）の立方体の体積を求める式　$10 \times 10 \times 10 = 1000$

答え： 1000 cm^3

（3）の立方体の体積を求める式　$100 \times 100 \times 100 = 1000000$

答え： 1000000 cm^3

174 次の表のア〜キにあてはまる数を書きましょう。

1辺の長さ	1km	100m	10m	1m	10cm	1cm
正方形の面積	1km²	1ha	1a	1m²		1cm²
	ア ha	イ a	ウ m²	エ cm²		
立方体の体積				1m³		1cm³
				オ cm³	1000cm³	
				1kL	1L	1mL
				カ L	キ mL	

小5-17 長さ・面積・体積の単位

175 次の ☐ にあてはまる数を書きましょう。

（1）　1m² = ☐ cm²

1辺の長さが100cmの正方形の面積と同じだね

1辺の長さが10mの正方形の面積と同じだよ

（2）　1a = ☐ m²

1辺の長さが100mの正方形の面積と同じだね

（3）　1ha = ☐ m² = ☐ a

1辺の長さが1000mの正方形の面積と同じだよ

（4）　1km² = ☐ m² = ☐ ha

1mL=1cm³ だね

（5）　1dL = ☐ mL = ☐ cm³

1辺の長さが10cmの立方体の体積と同じだよ

（6）　1L = ☐ dL = ☐ cm³

(7)　1m³ = ☐ kL = ☐ cm³

1辺の長さが 100cm の
立方体の体積と同じだね

176　ピキ君は面積が 1m² の模造紙から、200cm² を切り取って使いました。残った模造紙の面積は何 cm² ですか。

考え方

1m² は 1 辺の長さが ☐ cm の正方形の面積と同じですから、
1m² = ☐ cm² です。

式　☐ − 200 = ☐

答え：　　　　cm²

177　ピコエさんは 1L の牛乳が入っているパックから、100cm³ をコップに移しました。パックに残った牛乳の体積は何 cm³ ですか。

考え方

1L は 1 辺の長さが ☐ cm の立方体の体積と同じですから、
1L = ☐ cm³ です。

式　☐ − 100 = ☐

答え：　　　　cm³

小5-17 長さ・面積・体積の単位

やって
みよう

次の ☐ にあてはまる数や言葉を書いて、答えも求めましょう。

---

178 ピキ君は、10a のジャガイモ畑と 300m² のハクサイ畑を持っています。どちらの畑の方が何 m² 広いですか。また、それは何 a ですか。 　／1

考え方

1a = ☐ m² ですから、10a = ☐ m² です。

式 ☐ － ☐ ＝ ☐

答え： 　　　畑の方が 　　　m² 広い、 　　　a

---

179 ピコエさんは、2m³ の水を入れることができる空の水そうに、水を 500L 入れました。この水そうをいっぱいにするには、あと何 L の水が必要ですか。また、それは何 m³ ですか。 　／1

考え方

1m³ = ☐ L ですから、2m³ = ☐ L です。

式 ☐ － ☐ ＝ ☐

答え： 　　　L、 　　　m³

やって
みよう

180 ピキ君の家からピコエさんの家までの道のりは
0.8km あります。その道のとちゅうに公園があり、
ピキ君の家から公園までの道のりは20mです。公園
からピコエさんの家までの道のりは何mですか。／1

考え方 1km = ⬚ m ですから、0.8km = ⬚ m です。

式 ⬚ − ⬚ = ⬚

答え： m

181 ニャンキチ君は広さが250ha の森林公園に来まし
た。この森林公園は森と広場になっていて、広場の広
さは5000a です。森の広さは何ha ですか。／1

考え方 1ha = ⬚ a ですから、5000a = ⬚ ha です。

式 ⬚ − ⬚ = ⬚

答え： ha

182 ピコエさんは、野菜ジュースを、朝は150cm³、昼
は1dL 飲みました。合わせて何dL の野菜ジュー
スを飲みましたか。／1

考え方 1dL = ⬚ cm³ ですから、150cm³ = ⬚ dL です。

式 ⬚ + ⬚ = ⬚

答え： dL

西村則康（にしむら　のりやす）

名門指導会代表　塾ソムリエ

教育・学習指導に40年以上の経験を持つ。現在は難関私立中学・高校受験のカリスマ家庭教師であり、プロ家庭教師集団である名門指導会を主宰。「鉛筆の持ち方で成績が上がる」「勉強は勉強部屋でなくリビングで」「リビングはいつも適度に散らかしておけ」などユニークな教育法を書籍・テレビ・ラジオなどで発信中。フジテレビをはじめ、テレビ出演多数。

著書に、「つまずきをなくす算数　計算」シリーズ（全7冊）、「つまずきをなくす算数　図形」シリーズ（全3冊）、「つまずきをなくす算数　文章題」シリーズ（全6冊）のほか、『自分から勉強する子の育て方』『勉強ができる子になる「1日10分」家庭の習慣』『中学受験の常識 ウソ？ホント？』（以上、実務教育出版）などがある。

執筆協力／前田昌宏、辻義夫（中学受験情報局　主任相談員）、高野健一（名門指導会算数科主任）

装丁／西垂水敦（krran）
本文デザイン・DTP／新田由起子（ムーブ）・草水美鶴
本文イラスト／さとうさなえ
制作協力／加藤彩

つまずきをなくす
小5　算数　計算　【改訂版】

2020年11月10日　初版第1刷発行

著　者　西村則康
発行者　小山隆之
発行所　株式会社 実務教育出版
　　　　163-8671　東京都新宿区新宿1-1-12
　　　　電話　03-3355-1812（編集）　03-3355-1951（販売）
　　　　振替　00160-0-78270

印刷／精興社　製本／東京美術紙工